LED 景观照明设计

常 施 张 许 叶 何 林
志 恒 亚 恒 军 崴 锋
刚 照 婷 宁 　 　 陈
　 　 　 　 　 　 著

U0299664

中国建筑工业出版社

序 一

　　室内设计的发展总是随着时代的脉搏前行，设计师的眼光也在随着技术的进步无限扩展着自己的想象力，当我们把有形的材料应用得炉火纯青的时候，还有什么能让我们再次点燃创作的激情呢？当所有的思索看似无序，其实往往答案会回到事物的本源，在材料结构创造光影的同时，正是光影成就了材料的表现力和个性，使我们看到了不一样的世界。于是我想到，我们创作的未来会更多借助于重新认识的光来重新构筑我们的世界。

　　光的演绎表达情景与想象力，不受传统设计的约束。室内光照设计既要满足功能要求，又可以运用光电科技成果设计出充满魅力的、令人赞叹的艺术空间环境！就人的感知而言，没有光就没有造型艺术，许多艺术形式也不复存在；没有光就没有空间，人们不能感知空间和空间之美！由此可见，光对于室内外环境艺术设计的至关重要性和广泛性。然而，长期以来，室内设计专业教育对于光环境设计重视不够，较多地偏重于室内装饰技能培养，人民大众更是把室内设计等同于室内装饰。从美术院校毕业的设计专业学生在"装饰"的市场竞争中处于优势地位，另外一些人则可以抄袭拼凑地堆积装饰，在迎合部分官员和业主甲方的要求下大搞表面装饰，各类过度装饰经久不衰，浪费资源、耗费金钱，给地球以沉重负担及破坏。这种不可持续发展的业绩工程和奢侈豪宅在中国的大江南北依然可见，与低碳减排、节约资源背道而驰，与中国国情也不符合，这种状况必须尽快改变。

　　在信息时代的今天，设计师扩展视野、转变观念十分必要，由环境照明设计研究专家常志刚教授等编著的《LED 与室内照明设计》从一个新的角度走进环境艺术专业。无论你是照明设计师，还是环境设计专业人员，抑或设计理论研究者，这本书的意义在于：它不仅是一本专业书籍，更可以让非专业的从业人员了解照明专业的各个细节，可读性强，操作性强，与本专业结合密切。还想强调一点，本书还以知识性、开放性、多样性、前瞻性和批判性作为其核心价值，使读者受益匪浅。本书给了我们一个重要启示：永远不要停止思考！永远不要放弃学习！世界在进步，社会在发展，机会在涌现，任何人在任何时代都可以开创新篇！

中国环境艺术设计专业创建人及学术带头人

中央美术学院教授、博士生导师

2013 年 8 月 23 日

序 二

照明的重要性与难点，就是从城市规划设计，到建筑设计，到市井小民生活空间无处不在，各种要素之间需要广泛的平衡。从经济的拉动到环境的保护，从产业增值到节能减排，从空间的功能到空间的装饰，光环境中的"和谐"从内涵到外延将成为永恒的主题。

从建筑环境与节能的角度，我们支持和重视对光环境发展一切有益的工作，越是在喧嚣高涨的时代越需要冷静的思考，把理性与专业的声音放大。LED 照明给我们带来的是一种照明变革，其小巧的身躯，色彩的可控性使我们的设计师在创造光的时候更加随心所欲。这种随心所欲需要一种艺术理论的升华及创新。通过《LED 与室内照明设计》这本书，我们不仅仅看到新技术的亮点与广阔前景，更看到科学、理性、现实与激情、创想、探索有机结合的态度，这一点尤其难能可贵，很有意义。

发展绿色建筑已经形成全球共识，中国绿色建筑发展迅速，每年绿色建筑数量都会翻一番。"十二五"期间我国要完成新建绿色建筑 10 亿平方米；到 2015 年末，20% 的城镇新建建筑达到绿色建筑标准要求。酒店、办公、商店建筑是绿色建筑发展的重点。本书通过这些空间的典型案例，为人们展现了如何在保证节能的前提下，为人们提供安全、舒适的光照空间，很好地满足人的生理健康需求。

光色是构成视觉美学的基本要素，是美化光环境的重要手段。本书将照明的科学性和艺术性更好地有机结合，打破了传统照明的边边框框，超越了固有照明的形态观念，以一个全新的角度去认识、理解和表达光的主题。因而使我们可以更灵活地利用光的明与暗搭配、光与色的结合，材质、结构设计的优势，提高设计师的设计自由度，创造舒适优美的灯光艺术效果。让人们可以感受到光亮却找不到光源，体现了把光和人类生活完美结合的人性化设计。

我们需要在低碳理念的指导下将空间设计、照明设计、灯具设计整合起来，期待着有更多领导、更多专家学者、更多非照明专业的人与照明设计师合作，共同谱写更加完美的华彩乐章。

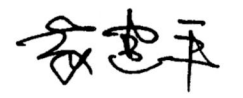

中国建筑科学研究院建筑环境与节能研究院副院长

中国照明学会副理事长

2013 年 10 月

前 言

    LED 作为第四代光源，正在越来越深入地影响照明的时代脚步，从替代传统光源，到完全改变设计主张和手段，显示出强大的影响力。这场光源乃至照明的革命将怎样影响未来；从哪里入手，将走向何方；应该以什么态度，抓住怎样的机会——都是广大青年设计师和关注照明的人士面临和值得深思的问题。

    为了对如火如荼的 LED 大发展进行分析梳理，也是为大家提供一些思考的契机，我们联合撰写了本书。书的定位是给室内设计师和照明设计师提供一本直观描述基础知识，客观陈述使用经验，乐观展现设计与技术前景的通俗读物兼设计工具书。

    此外，我们在书中设置了专门的章节，邀请了包括室内设计师、照明设计师、灯光艺术家、灯具制造商在内的 11 位专业人士进行书面访谈，希望以真实性、开放性、多样性、前瞻性和批判性作为本书的核心价值。

中央美术学院教授

2013 年 12 月

目 录

总论

技术改变世界

18 世纪中叶，英国人瓦特改良蒸汽机之后，由一系列技术革命引起了从手工劳动向动力机器生产转变的重大飞跃，工业革命改变生产体系、社会结构，人们的意识开始变得更有组织性，协作性更强（Fig. 1.1）。

电气化时代，人的体力得到极大的解放，通过身体的能量改变世界变成通过二次能源与机械去解决问题，人类肌肉开始萎缩，体力开始下降，甚至对男性的审美也由粗犷威猛的阳刚型转向皮肤白皙细腻的小生型。

信息革命的作用改变了社会认知体系以及人际关系。有了电脑，有了网络，人们的交往形式发生了改变，甚至改变人们的面部特征，一张标准的屏幕脸 —— 肌肉僵硬，没有表情，目光直视，生动的形象与情感表达已化作电脑选项表里的一个符号（Fig. 1.2）。

LED 的发展和强力地推进，不一定显现为明显的影响力，但是不是正悄然地，以更迂回、更间接的方式改变着什么……通过改变光，进而改变环境，直至改变生活本身（Fig. 1.3）。

在照明变革来临之际，政府决策、照明科研、照明设计，无不面临抉择。先行一步进行探索、思考，梳理可能有助于中国的建筑设计、室内设计、照明设计，乃至整合照明行业找到正确的方向（Fig. 1.4）。

Fig. 1.1 人类的城市尺度与行动速度有着紧密的相关性，以蒸汽机为代表的工业革命不仅带来了生产力的提升，也为城市形态和尺度的变化埋下了伏笔

Fig. 1.2 屏幕脸是不是技术进步带来的副产品

Fig. 1.3 人类凭智慧推动技术发展，技术进步反过来又塑造着人类本身

Fig. 1.4 照明与设计的发展之路到底通向何方

LED，一场光源革命

　　灯具永远是伴随着光源的革新而发展的，每每高呼 LED 是一次革命，而大多数人对于 LED 革了谁的命，怎样的因果关系和发展过程则很少谈及。

　　要知道，LED 与此前光源的根本差别主要表现在以下方面：它不是全向发光；它不是壳体光源，没有玻壳球泡一类的封装形式，体积相对较小；它是固态发光技术，防振耐用；它的瞬时通断反应速度易于对接数字控制技术，方便调光和彩色变换。如果充分认识这样一些特征，灯具的研发思路也应该是革命性的，而不是将传统灯具的光源换成 LED 就算新型灯具了。照明行业只有从根本上认识变革，才会带来产业革命和巨大的发展空间。照明革命带来的改变将是以照明技术结合数字化传感技术、控制技术、通信技术，使照明走上数字化道路，实现以互联网、控制平台、大数据和云服务为基础的照明产业变革，必将对经济与社会环境产生激励作用，必将对个人生活方式的改变提供技术条件。

什么是 LED

　　LED 是 Light Emitting Diode 的缩写，即发光二极管的简称。简单说，它是利用固体半导体芯片作为发光材料，有别于传统光源的发光原理是因为 LED 光源无灯丝，体积小，是真正意义上的点光源；其发光效率较高，反应快，亮灭几乎没有延迟。LED 照明灯具与传统的照明灯具最本质的区别在于：传统的照明灯具是一个电器产品，而 LED 照明灯具是一个完全的电子产品。因此，LED 照明灯具可以很方便地与各种类型的传感器关联，从而实现多种自动控制功能。除白光以外，还可以发出红、黄、蓝、绿、青、橙、紫等彩色光（Fig. 1.5）。

Fig. 1.5 企业产品展示

1.1.2　LED改变了什么

LED将带来的变革是:

「1」用材料改变资源消耗。传统白炽灯的能源有效利用率很低, 发光效率为 10 ~ 15lm/W, 照明对能源的消耗达到世界能源消耗的 35% 以上, 并逐年增长; 灯泡、灯管的玻壳熔炼回收消耗能源; 日光灯、节能灯含汞, 会造成环境污染, 即使做好回收工作, 也会代价极高; 节能灯荧光粉中所需的稀土材料开采造成大量的土地资源破坏。而 LED 光源所用荧光材料极少, 封装材料也是极少量的树脂材料, 其他材料都基本可回收, 因此 LED 灯具从制造的能源消耗, 到使用的能源消耗, 再到寿命终结后的环境影响, 从目前来看都是相对较小的。

「2」用知识产权改变产业格局。一般而言, 企业生产什么, 掌握什么核心技术, 性能偏重什么, 价位水平如何, 竞争策略如何, 都应该有具体规划。国际大牌企业都有清晰的技术及市场规划路线图, 基于对照明艺术的理解, 对市场趋势的判断, 对技术走向的开发, 对用户价值的认知, 在产品系列和技术前瞻方面纷纷建立各种专利保护及策略架构。几大巨头通过专利交换或交叉持股试图战略性地垄断产业发展路径和割据未来市场。照明巨头之一的飞利浦除了保留医疗仪器业务以外, 将全部电器业务的产能和技术抛售, 转而全力投入照明产业, 可见其用心之决断。

「3」用原理改变灯具结构。新型灯具的思考与研发绝不是把传统灯具, 一件一件地替换为 LED 光源。爱迪生当年绝不会考虑怎样将钨丝装回油灯和煤气灯。新型灯具和传统灯具应该是有本质的差别的, 它们的出发点不同，技术路线不同，应用方式也根本不同。今天的很多相似之处，一是因为设计者的思路还没有跳开传统苑囿，二是发展程度还不够充分，要知道鱼和鲸鱼长得再像也根本不是同一物种，一个是鱼类，一个是哺乳动物。

「4」用创意改变设计思路。光源革命颠覆我们习以为常的制造光、使用光的观念，进而改变空间概念和环境形态。LED 改变我们的空间结构，灯具不再是其固有的形式，而成为构建或实现其他功能的单元。灯具如砌块一样组合安装，如乐高玩具一样任意接插；道路石板发光引导你前行；发光的墙壁、顶棚为空间提供照明；台面座椅用光引导你入座；幕墙的钢架或玻璃本身绽放光彩，而无须在平滑完整的立面上附属安装，对建筑立面造成破坏；抑或建筑本身就是巨大的灯具，以发光结构表达环境的主题。

「5」用技术改变生活方式。在 LED 光源的变革中，消费者对灯光的使用由简单变得复杂精细，由被动变得主动。在物质已经极大化地满足人的需要的今天，通过照明技术，环境将积极地介入对人的心理关注和服务。

为此，我们看到把 LED 解释为：Longevity（长寿）、Elegance（优雅）、Delight（愉悦）或 Lucre（低价）、Easy（易用）、Draw rein（节能）大以为然。

1.2　LED 发展状况与社会反响

1.2.1　当前发展状况

以"LED 照明产业布局，实现跨越式发展"为目标的运动式推进在各地风起云涌，各地方政府、科研机构、相关企业、终端用户似乎不紧跟潮头就要掉队，不采用 LED 就"OUT"(落伍)了。2011 年，全球高亮 LED 器件市场规模为 125 亿美元，较 2010 年的 113 亿美元增长 9.8%，其中照明部分从 12 亿美元增长到 18 亿美元，增长率为 44%，预计 2015 年全球高亮 LED 器件市场规模将为 153 亿美元。

国家半导体照明研发及产业联盟秘书长吴玲指出：LED 照明产品对卤素灯、白炽灯、CFL 筒灯等在 2011 年已具替代优势，对 T8 格栅灯、150W 高压钠灯、250W 高压钠灯在 2012 年具有替代优势。在 2013 年，LED 对 15W 家居节能灯已经呈现出替代优势。因此，室内照明产品近年将主推球泡灯、射灯、筒灯、平面灯等；室外将主推 250W 以下的路灯和隧道灯。此外 LED 不仅是技术上的进步，更是终端应用产品在商业模式和服务模式上的革命。

Table 1.1　全球 LED 通用照明市场规模（按应用场所划分）

	2010 年		2016 年		2020 年		2010 ~ 2016 年	2010 ~ 2020 年
	亿欧元	市场份额 %	亿欧元	市场份额 %	亿欧元	市场份额 %	CAGR(%)	
建筑景观	10	39	30	69	40	79	17	9
室外	0	5	40	39	80	69	51	17
酒店	0	9	30	49	50	77	43	13
商场	0	2	40	48	70	67	82	12
工业	0	0	10	19	20	38	114	23
办公室	0	2	30	27	80	43	68	22
住宅	10	6	140	49	230	71	48	13
总计	30	7	330	43	560	64	46	15

1.2.2　LED产业发展特点

从目前各国半导体产业发展状况分析总结来看，显现出以下特点：

「1」各国政府着力在战略层面推动产业。欧美、日韩，甚至一些发展中国家政府都非常重视半导体照明产业的发展，相继出台了各种刺激政策。中国也不例外，国家和地方政府部门出台过许多相关政策扶持行业快速增长，试图通过推动半导体照明产业，在节能环保、推动经济、增加就业等方面发挥连带的积极作用。

「2」技术发展迅速，产品升级换代加快。半导体照明技术发展很快，2010 年大功率白光 LED 光效产业化水平已经达到 130lm/W，并以每年 10 ~ 20lm/W 的速度提升，价格每年以 30% ~ 40% 的速度下降。根据相关报道，业内预计到 2015 年 LED 灯具光效可达 180 lm/W，市场渗透率达到 30%，年节电 1000 亿度，减少碳排放近 1 亿吨。半导体照明是技术与劳动双密集型产业，未来将新增 200 万人以上的就业机会，并且可以与其他新兴产业产生较强的关联性。

「3」传统照明产业的格局因此而调整和重组。目前国际照明巨头在世界各地强势进入，通过标准制定和专利封锁对产业整体格局的划分起着关键作用。

「4」产品应用端的开发尚待改进，发展空间巨大。有关研究表明，2020 年全球照明应用市场规模将达到 7 万亿元。众多的需求将产生细分市场，使得 LED 应用会以更多样的形式出现，照明产品的爆发增长存在着无限可能。

中国的 LED 技术发展态势：

关键技术与国际水平差距逐步缩小，应用技术具有一定优势：

「1」大功率芯片产业化光效已经达到 120 lm/W 以上；

「2」硅（Si）衬底功率型芯片产业化光效 100 lm/W 以上；

「3」功率型白光半导体照明封装接近国际先进水平，超过 130 lm/W 以上；

「4」部分应用技术及产品制造性价比在国际上具有优势。

1.2.3　他们眼中的 LED

　　LED 显示出的影响力不仅体现在物质层面，面对这场光源乃至照明的变革，各种相关群体的反应态度是什么？他们会以什么方式介入和抓住这样的机会？为此，本书的策划者邀请了包括室内设计师、照明设计师、灯光艺术家在内的各类型专业人士进行了书面访谈，希望以真实性、开放性、多样性、前瞻性和批判性的对话为广大读者提供思考与批判的参照。

林学明

国际著名室内设计师

集美组 创始人

中央美术学院 客座教授

黄建成

中央美术学院城市设计学院 副院长、教授

中国美术家协会环境设计艺委会 副主任

王俊钦

中国台湾著名室内设计师

睿智汇设计公司 创始人

周炼

美国 BPI 照明设计有限公司 前总裁

国际著名照明设计师

姚仁恭

大公设计顾问事务所 主持设计师

国际著名照明设计师

国际照明设计师协会（IALD）照明设计卓越奖（最高奖项）获得者

郑康和（Kangwha Chung）

韩国建国大学 教授

韩国照明设计师协会 前主席

亚洲照明设计论坛（Asia Lighting Design Forum） 创始人

郝洛西

同济大学建筑与城市规划学院 教授，博士生导师

中国照明学会 副理事长

上海照明学会 副理事长、学术工作委员会主任

张昕

清华大学建筑学院 副教授

国际照明委员会室内分部 中国区代表

《照明设计》（中文版） 副主编

眭世荣

广东省半导体照明产业联合创新中心（GSC） 主任

广东省半导体光源产业协会 副会长兼秘书长

深圳市 LED 产业联合会 会长

Mattiathas Hank Haeusler

国际媒体建筑协会（Media Architecture Institute） 主席

澳大利亚新南威尔士大学 高级讲师

媒体建筑艺术家

问：您从什么时候开始尝试使用 LED，印象如何？这种印象现在是否改变？

1 林学明：

在有需要使用 LED 光源设计的地方一般我们都会推荐给专业的灯光设计师。本人认为：LED 光源的艺术表现力强，可大大丰富空间的艺术感染力，而且 LED 的表现可以作为一项艺术表现内容独立呈现。

2 黄建成：

我初次使用 LED 屏是在 2002 年。当我第一次见到 LED 投影时，感觉很惊奇，一个像手机大的盒子，竟能够投影出 20 多寸的清晰画面。在那之后，2005 年开始接触 LED 灯具，2009 年使用 LED 光源投影机，2012 年使用 LED 异形屏。随着时间的推移，LED 技术不断进步，由当初的 P12、P10 屏到今天 P4、P3 屏，LED 灯源从零点几瓦到今天的 5W、10W 以上。我感受到科技力量的强大，人类发展的速度因科技的力量一日千里，给我们的生活中带来了很多便捷和艺术享受。

3 王俊钦：

我们公司主要以娱乐空间设计为主，所以相对会比较多地使用 LED。对于 LED 的使用价值我们会更加注重，这要通过很多方面来判定，比如功能性效果、氛围烘托及客户的接受程度。我应该是在 2004 年左右开始接触并尝试使用 LED 光源，最早客户对于新产品的选择以及产品的性能会有担心，我们会把设计思路和选择原因与客户分析讲解。比如，前些年我们做麦乐迪 KTV 项目时，当时运用了 LED 光源做场景照明就受到了阻碍，因为那时中国对 LED 光源照明的宣传和了解并不多，客户就会担心这么贵的产品会不会是值得的。但是因为我们在选择之前对 LED 做了大量的实验和考察，所以进行了取舍之后还是决定使用，后来客户也接受了。项目完成之后，从视觉效果和后期的使用上看，LED 光源对于娱乐空间来说还是很适合的。

现在的 LED 灯光相对改进了很多，我们的客户对于其价格以及场景效果等问题都能够接受。但是作为空间设计师或者灯具厂家来说，还是能明显感到它不足的地方，还需要我们共同努力，让 LED 灯光的各方面性能更成熟。

周　炼：

我们在十年前开始在建筑外观照明体系里使用 LED 类光源，用以创造新的视觉感受。初期 LED 是视觉光源，即 LED 是用来看的，直接以点、线、面及 RGB 的可调光特征在夜间环境中开始了新的里程。随着幕墙系统、能源、革新环境因素的改变，LED 的使用目的及方法也发生了改变，这使 LED 成了建筑本体的一部分，而不单是装饰的。

姚仁恭：

我自 1999 年左右开始使用 LED，当时觉得尺寸小是它的优点。现在对它的印象改变很多，比如尺寸小不见得是优点；此外，LED 也有其他衍生的问题，如光衰问题、对健康的影响等。

郑康和：

我首次应用 LED 照明是在 1998 年的 "SINDOH 景观照明规划" 项目

中，主要用于建筑外立面照明。当时 LED 还属于尖端科技的光源，也很少应用在建筑、室内等设计当中。可想而知，此项目赢得了众人的瞩目。因此，我个人认为这个新生代照明的问世，及其应用给城市整体的夜间景观增添了丰富多彩的可能性，创作了更多富有想象力的文化空间。

7　郝洛西：

　　大概六七年前，我就已经开始在设计中尝试使用 LED 灯具了。当时的 LED 作为一种新兴的照明技术，可供选择的样式和品牌有限，市场化程度也不高。当时 LED 灯具的使用多是在一些以装饰性照明为主的地方，而且主要是利用其体积小、变化丰富等特点。那时 LED 灯具的价格比较高，光效也难以和传统光源相匹敌，所以较少大批量使用在实际工程中。随着 LED 技术的不断进步，现在 LED 灯具的应用已经非常广泛。其变化丰富的视觉效果被充分利用到各种类型和场合的照明设计中，光效的提高使得 LED 逐步替代传统光源在功能性照明设计中的趋势越发明显。技术成本的降低，使得 LED 光源的经济性得到了长足的改善，因而逐步成为市场上非常受追捧的"新贵"。现如今，LED 在民用照明市场的潜力得到了充分的拓展与展现，是照明应用领域中不可或缺的产品类型。

8　张　昕：

　　我最早使用 LED 是在 2002 年的菖蒲河公园项目中，将其用于水岸和桥面指示，兼具功能和美化的作用，效果得到广泛的认可。2009 年，我开始尝试在城市景观照明中大规模应用 LED 泛光照明，设计了颜色和构图的动态变化，除少数白色表面的效果尚可外，多数结果未能令我满意。问题集中于颜色、强度、构图的变化控制，这部分性能原属于 LED 产品赐给照明设计师的"礼物"，但如果控制不利，将彻底否定这种基于 LED 产品特性的设计模式。

Mattiathas Hank Haeusler：

　　我首次接触 LED 产品要追溯到 20 世纪 90 年代早期，当我作为一名电气工程师接受培训的时候。这个时期正是蓝光 LED 刚刚被研发出来时，我记得第一次看到 LED 时还和同事一起讨论了通过结合红光，蓝光和绿光来实现混合色彩的可行性。第一次在一个空间设计中遇到应用 LED 是在 2003 年，当时正在为瑞士日内瓦汽车沙龙展示的梅赛德斯 - 奔驰行销展台设计一款媒体立面。那时我们还有些稚嫩，就如同建筑师使用其他材料一样设计 LED 产品，这些导致在设计实施时出现了一些错误。那款媒体立面被扭曲变形，并且作为一种在立面上的不规则开窗。在当时，这是非常不同寻常的应用。由于当时我们缺乏 LED 技术方面的知识，如对电缆长度的要求、LED 的安放和控制单元等，我们花费了很长的时间来完成一个既要满足我们美学的要求，同时还可以在技术限制条件下实现的设计。

　　当我们对比 2003 年和 2012 年的案例，则会发现当今使用 LED 产品作为设计的一部分是多么轻松的一件事。我的首个 LED 案例是通过大量的咨询、时间和金钱来实现的，但是在第二个案例中，设计师则是从来没有使用过 LED 的学生们，从设计到实现耗时 12 周，且预算非常低廉。促成这些变化主要原因要归于在 LED 领域内信息的获取，大量案例的探索，以及制造商、设计师和客户之间更紧密的联系。色彩的可能性，创造了更多富有想象力的文化空间。

问：您认为 LED最凸出的优点是什么？进一步发展会带来室内设计、室内灯具、照明设计的根本改变吗？能否给出您认为可能的改变方向？

1　林学明：

就照明和光效而言，肯定会带来根本性的变化，但普及的力度也要看LED的成本。长远来看，只要符合节能要求的产品一定占有主要的市场份额，推动社会进步的新技术永远会代替旧技术。

3　王俊钦：

LED 光源的市场份额近年来一直是不断攀升的，技术也在不断完善，其产品优势非常突出。对于我个人的项目来说，用 LED 光源来搭配其他的光源使用，视觉效果和市场反应还是不错的。所以我觉得 LED 室内照明产品的趋势是势不可挡的。

4　周　炼：

任何新光源都是一样的，时间让科技成长、成熟，慢慢使之进入我们生活的细节中，最后它又被另一种新光源取代。火把、油灯、日光灯……而今 LED 都是一样的。LED 本身的光、电、热的复杂特征让我们费心多年了，10 万小时的梦想寿命，亦减到 5 万小时，如今 2 万也就令人高兴了。LED 能进入室内光环境，成为主流光源之一是因为 LED 的调控特征，但我以为最重要的是 LED 灯具能有效地掌握配光，进而使光与室内元素的关系更清楚，也更生动。

5 姚仁恭：

优点其实不多。如果一定要说的话可能是尺寸小和温度低，但是其中温度低这个优点，也仅限于制造正确的 LED 产品才有。LED 的发展应该会带来室内设计、灯具和照明设计的变化，可是目前还处于模糊的状态。

对于可能的改变方向，我认为很难说明。因为连 LED 生产者都不知道自己未来的方向，所以室内设计师及照明设计师更无从得知。

6 郑康和：

LED 照明最大的优势在于一个智能化的控制。目前，很多国家或城市建筑照明设计中，有不少利用控制系统来演变出丰富的色彩变化及影像的呈现案例。另外，和一般传统光源相比，LED 在体积、安装等实际工程实施中具有相当的优势。对于可能的发展方向，众所周知，如今的照明已成为建筑外立面的一部分；因此，我们也不能忽略建筑与照明一体化的设计趋势。此外，可以预见在不久的未来，必将出现应用高科技、智能化的感应系统创造更便利、环保的照明数字化时代。

7 郝洛西：

LED 最突出的优点是应用灵活及低能耗。由于 LED 光源体积小巧，其灯具在设计及安装方面，带给设计师更多的创造空间。LED 光源具有传统光源不可比拟的灵活性，其单元化、模块化的多样组合，能创造出各种形态的发光形式 —— 从点、线、面等常规形态到各种复杂的立体空间形态，这对于灯具的设计无疑提供了巨大的创意空间。LED 灯具不必具有传统意义上的巨大的灯罩和反射器，完全可以颠覆人们对于灯具在形式上的认知，可以结合在任何的建筑构件上。以后的灯具发展，一方面是在形式上的多样化，充分展现光影在艺术创造性上的魅力与潜力；另一方面是"建筑化照明"应用的发展，即灯具将充分与建筑结构、界面、家具相结合。功能性照明的 LED 灯具也许将来会在形式上逐渐消解融入建筑本身的各个组成部分，而不是传统意义上的独立照明形态。低能耗是 LED 在节能方面巨大的优势，随着光效的不断提高，使得其在能耗方面的竞争力更加凸显。这对于能源日趋紧张的当下，无疑是非常具有实际意义的。

8 张　昕：

我认为 LED 最突出的优点是"光效的提升潜力巨大"，对于节能潜力的挖掘代表了社会的主流诉求。我不认为照明设计会发生根本变化。对于视觉和能耗的要求，低性能灯具时代更为宽泛，高性能灯具时代更为严格，LED 的高速发展提醒并敦促研究者和设计师要不断更新理念和准则。对于室内照明的走向，高光效 LED 的出现释放出了大量的设计空间，走向"更为复杂严格的规范"还是"更为宽松自由的设计"，照明设计与照明规范的博弈结果是至关重要的因素。此外，LED 照明的媒体化趋势正席卷全球，但这部分内容并不是照明设计师的职业特长，新媒体艺术家正涌入这一领域。

问：在没有造价和节能要求的情况下，您会选择传统光源灯具，还是 LED 灯具？

1 林学明：

要看具体的情况，现在已经没有不设定前提条件的状况了。

2　黄建成：

LED 灯具设计理念和照明效果相对于传统光源灯具有其不可替代的特性，但由于现在的 LED 灯具在显色指数及色纯度方面，与传统灯具还有一些差距，所以在选择光源时，还是要依据项目要求而定。

3　王俊钦：

我很看好 LED 的发展状况。我是可以接受完全使用 LED 照明光源的，但是前提是 LED 继续成熟起来，现在其性能无法满足各种照明需要，还是有很多问题的。

4　周　炼：

选不选 LED 本来就不是造价及节能的问题，而是该说 LED 能为我们提供更贴心的光工具。我们该用蜡烛时会用蜡烛，而不会用 LED 蜡烛。用同理类推，我们改用某光源都是有缘由的。对了，我以为 LED 已经是传统光源了！

5　姚仁恭：

当然是传统光源灯具，即使考虑节能还是选择传统光源灯具，因为 LED 灯具不见得省电。

6　郑康和：

在不受造价和节能的条件下，我仍会提倡 LED 照明。在数年前，LED 照明造价昂贵，因此在设计中的应用明显地倍受制约。但如今，不断发展而形成的 LED 市场，为设计人士提供了更多优质的服务和令人惊叹的设计手法可能性。除此之外，LED 本身也具备着环保、节能的最大优势，可以被视为最经济的新一代照明。

7 郝洛西：

　　从目前的比较来看，传统光源和 LED 光源各具优势，所以要针对不同情况进行选用，使其发挥各自的特点，达到物尽其用的目的。比如说，在室内照明中，如果没有节能和造价的约束，目前以卤素灯为代表的光源在照明效果上依然有着明显的优势，因此对于艺术表现力要求高的场合，热辐射光源是优先的选择。但是对于光色变化要求比较高的项目，LED 灯具又有着传统光源无法企及的技术优势，所以 LED 照明系统肯定是首选。当然，不考虑造价及节能的情况是比较理想化的条件，在实际应用中，还是要综合多方面因素（艺术表现力、能耗、经济性、市场化程度等）进行选择。

8 张　昕：

　　抛开造价因素，照明设计师总是倾向于选择性能最为合适的产品，LED 灯具在很多性能上已经超越传统灯具。但品牌差异性的模糊和产品标准的滞后令设计师和业主难以抉择，尤其是需要投标比价的项目，很多"低价低质"的产品因"看起来高质"而中标了，这对于 LED 产品的整体信誉和照明设计师的信心都是巨大的打击。

问：您对"LED会颠覆性地影响我们的生活"这种观点如何看？

1　林学明：

LED 无疑是一种革命性的光源，但它只是被人们使用的一种技术；"颠覆性地影响我们的生活"此话有点说过了，掌握人类命运的还是人类自己。现在有很多地方在 LED 技术的运用上泛滥，甚至适得其反，造成了对社会的光污染，只刺激视觉而毫无美感。人们如何掌握好 LED 的技术，如何把它作为艺术表达的媒介材料，传递高尚审美情操才是关键的。现在很多城市忽略了 LED 光效的艺术表现，本末倒置：LED 的光效表现没有主题，设计不考究，没有艺术性，只有三原色的变换，成为单纯的 LED "灯光秀"，如此一来，就毫无审美价值了。

2　黄建成：

这是一定的，LED 作为一种新型照明技术，有着节能性强、发光效率高、低热量等优势，与传统光源相比有很大的发展空间，势必将会有很好的发展前景，而它是发展方向，也是一场革命。现在已经发生较大的改变，当 LED 发展成建材发光构件时，相关的建筑和环境设计就有了一个新的发展空间，构思也必将发生革命性的改变，而环境照明设计又将迎来另一场革命。

3　王俊钦：

我觉得如果有可能，是很好的想法，我是会愿意尝试使用的。现在设计师对于 LED 的应用还普遍太过简单。对于 LED 智能化的挖掘，使用方式的革新等都是可以鼓励的方向，要进一步挖掘 LED 产品的潜在优势。

1　周　炼：

　　LED 已经慢慢地在改变我们的生活，手机、电视、云服务系统等，LED 会在科技、设计、能源及欣赏的复杂大架构中找到它的定位，但蜡烛还是会在蛋糕上，等我们许了愿之后被我们吹灭。

5　姚仁恭：

　　LED 灯具如果没有政府政策的全力推广及其他法令的配合，而是与其他传统光源当年推广的方式相同，则不可能有今日的成果。LED 灯具如今的泛滥是因为政府及法令的介入。可惜的是政府决策者被 LED 业者单方面影响，做出错误推广及配合法令，但并未考虑建筑环境的特性及需求，从而造成目前的乱象。

　　我不反对任何光源主导整个照明设计，不管是叫 LED、LFD，还是LAD 都可以，但是这个光源要全面性地有利于使用大众，而非仅对该产业及生产者有利。

6　郑康和：

　　人体感官细胞是否受 LED 照明的影响，已是众人瞩目的热点命题。我相信，随着科技的发展和人类不断挑战的本能，在不久的未来一定会研发出科学、理性的 LED 照明，光源频闪现象（FLICKER）、抑制褪黑素（MELATONIN）等问题应该可以被克服。 随之，LED 照明将成为最感性、健康和理性的照明光源。

7　郝洛西：

　　LED 的确具有"颠覆性地影响我们的生活"的潜力与实力，尤其是其在技术上的不断进步与完善，使得这一"未来的光源"的应用领域越来越广。LED 光效的不断提高，使得其能够以较低的能耗替代传统光源，其"绿色光源"的称号更加名副其实；在光色的一致性、显色指数方面的不断提升，使得在艺术效果的呈现上越来越接近传统光源的表现；针对 LED 光源的二次配光技术的发展，使得各类型的 LED 灯具的精确控光成为可能，并有着比传统光源在光线分配上更加细腻和准确的技术潜力；LED 在照明效果的多样性方面，本身就有着传统光源无可比拟的优势。因此可以相信，在未来的照明应用中，LED 的全面使用，会使得我们的光照方式、环境、效果有着完全不同以往的呈现与体验。

8　张　昕：

我可以接受完全由 LED 照明的世界，它给了我们更多的可能性，有人选择光通不变但耗电更少，有人选择耗电不变但更多光通；有人选择更集约，有人选择更分散；有人选择融入家具完全消隐，有人选择融入媒体界面营造虚拟空间。好比智能手机带给人们更多的可能性，英国人在地铁里用它阅读，中国人在地铁里用它玩游戏。设计师应充分尊重各种可能性。

9　睢世荣：

现在，LED 已经是"进行时的光源"了，不少公共空间已经开始大量使用 LED 照明，如体育馆、地铁、道路、机场、酒店等，并且照明效果已经逐渐获得认可，其照明优势也越来越显著。除了照明，LED 也已经大量地应用在其他领域，我们经常使用的手机、电脑、电视机等，都离不开 LED，它已经慢慢地渗入到我们的日常生活中。

作为一种光源，LED无疑具有不可否认的优势和潜力，但它和传统照明之间的关系绝对不是对立，而是继承。一百多年前，电灯问世，但直到今天，蜡烛仍然在杂货店里出售，可见每一种光源都有其特定的历史使命。不久的将来，LED会成为主流，传统照明也将会在小范围的特定环境中继续发挥它的作用。

10 Mattiathas Hank Haeusler：

当然，我希望不久就可以看到一个仅用LED照明的世界。传统的白炽灯的高发热量会浪费大量的能源，节能灯中的水银会污染环境；此外，迈向低碳未来的需求也使得LED将成为未来最理想的照明光源。但同时，我也意识到仍然有一些问题，如光色和温度，但是我相信这些短期内都将被解决。此外，还应该注意到个性照明需求的增长，人们可以自由改变与自己有关的环境光，设定一天内不同时间里的光的情绪。在未来，可以通过智能电话和Wifi控制LED，用户也可以改变自己家居和其他方面光环境，这些都将有助于LED变成未来主要的照明光源。

问：LED的出现给您的艺术创造带来了哪些改变？或者您认为它会给艺术设计带来哪些改变和动力？

2 黄建成：

LED的应用是人类的一场技术革命，这场变革给室内设计、室内灯具设计及照明设计都带来了新的发展空间。未来的方面，我认为LED可以由点向面延伸，从而实现大面积面光源的应用。

10　Mattiathas Hank Haeusler：

　　对我来讲，两个驱动力将 LED 产品整合到设计中，并完成一种艺术的创造。

　　第一个驱动力是"建筑学"。LED 在建筑上的应用使建筑师和设计师开始对"建筑、材料和灯光"的结合产生浓厚的兴趣。在白天，太阳、天气和季节通过不同的光线条件来改变建筑表面的视觉形象，从而改变人们对材料的感知。一个设计师是不能真正设计和控制这个效果的，这就如同一个人不能控制气候一样。在晚上，材料的视觉效果则受到灯光的影响；通过使用 LED 的媒体内容可以实现对材料变化效果的控制。第二个驱动力是其核心功能中具有了搜集、处理和分发信息的能力。

　　对我来说，以上的两个因素是将 LED 整合在城市环境、建筑构造中的主要驱动力，并且将会影响我们如何使用 LED 去设计未来。

问：您怎样看待由于 LED技术的普及而充斥于环境的明艳灯光？

10　Mattiathas Hank Haeusler：

　　这个问题又将我们带回之前的话题，即如何将 LED 更好地整合进建筑材料中。目前，大多数媒体立面仅能在它们被"启动"时证明它们的存在。一个媒体立面如果没有整合进建筑外观，当它被关闭时，就会像一个不受欢迎的、建筑某个面上的寄生物；同时，也容易产生环境眩光。一个拥有良好建筑耦合度的媒体立面可以在关闭后变成建筑材料，因此也减少了环境眩光的问题。

问：在建筑设计或环境设计上，您认为照明应该像给水排水、暖通设计一样提供技术支持，还是应该作为独立的艺术创作而存在，并开展合作？

② 黄建成：

在当代建筑设计、环境设计及展示设计的艺术创作中越来越多地会使用艺术化、空间化和新媒介的综合性的手法来进行创作，在设计上力求用大体量、规模化的装置造型与生动、感人的多媒体语言相结合，创造一个全新的视觉感受和艺术体验。

就照明在展示方面的应用来说，可分为室内外公共照明、应急照明、室内外艺术照明三大类。前两类可按照常规照明设计即可。而艺术照明方面，会涉及照度、显色数、紫外线系数等，对艺术效果有特别的要求。所以，需要在满足艺术照明的特殊效果下展开设计。

③ 王俊钦：

首先我是觉得对于建筑设计或者环境设计而言，照明都是重要的组成部分，需要同整体设计一起开展工作，但是不能"独立"的创作，而要相辅相成。

问：未来 LED 照明的发展趋势是什么？企业要为此做好哪几方面的工作？

⑨ 眭世荣：

未来照明将会向着更加规范、高效、健康和人性化的方向发展。

LED 生产企业和设计单位首先要做好的就是提高自身的生产水平、工程水平和设计水平，积极配合行业规范的建立，履行自己的社会责任。

问：您认为推动 LED市场发展的最大动力是什么?

眭世荣：

　　市场需求无疑是促进市场发展最大的动力之一。市场需要什么样的产品，什么样的效果，市场就会朝着这些方向发展，像前面所说的，高效、健康和人性化都是市场所需要的。

问：是否应该把行业内对 LED的认知转化为社会共识? 如何促成这种转化?

眭世荣：

　　灯光和我们的生活息息相关，向社会公众普及 LED 照明常识自然是势在必行的。广东科学中心在去年推出了国内首个 LED 体验馆，对所有的公众开放参观，通过许多互动的方式让普罗大众体验到了 LED 照明的优点和乐趣，普及的效果是显而易见的。而且，让公众了解 LED 照明的发光原理、优点，学会辨别产品的优劣，不仅是对消费者负责，同时也是对市场的一种促进，对开拓 LED 室内照明市场尤其重要。

问：以全球化及全产业链的视野，中国企业在哪些方面可以起到引领作用？

眭世荣：

在 LED 照明产业当中，中国企业在中下游的技术和产品方面已经积累了一定的基础，在工程经验和设计经验方面，有自己的优势。国外的工程市场，相对中国而言已经趋于饱和，中国在飞速发展当中，为照明行业衍生出巨大的市场，作为中国的照明企业，不管是生产、工程还是设计，已经占据了天时地利的优势。在北京奥运会、上海世博会、广州亚运会等的国际盛事中，令世人惊叹的灯光已经大量地运用了 LED，其中许多的产品、工程和设计就是来自中国的企业。

问：您认为中国 LED 企业的社会责任感是什么？

眭世荣：

质量、诚信，时刻为消费者、使用者的利益着想，积极促进行业有序、健康地发展，做一个合格的企业公民。这些都是每一个中国 LED 企业和设计单位应尽的责任。

问：您如何看待"产学研"相结合的模式？ LED企业以何种方式进行这种结合是最有效的？

9 眭世荣：

"产学研"模式对于一个新兴产业的发展，尤其是长远的发展而言，其作用是不言而喻的。企业借助学校和科研单位的科研优势，不仅可以提升产品的科技含量，而且可以节约一定的研发成本。另一方面，学校和科研单位的研究成果也需要应用于实践，融合到生产和产品当中，这样才能真正发挥其应有的价值。与此同时，"产学研"模式也是培养人才的有效方式。

照明本身就是一个"边缘交叉领域"，它不仅和光学有关，同时和热学、电学、建筑学、设计学、生物学，甚至审美学都有或多或少的关联。而 LED 作为一种新型的材料，本身的应用范围也非常广，在背光、通信、电子等领域都有不同程度的应用。这种"边缘交叉"的特点，在客观上就促使 LED 企业借助不同领域的资源，相互合作。比如在一些建筑照明项目当中，已经将照明和信息传播结合在一起了。

怎样促进 LED 企业与其他领域的合作？建立沟通平台尤为重要。这就有赖于行业相关组织机构的努力了，而这也是广东省半导体照明产业联合创新中心的责任！

1.2.4   LED所衍生之问题   姚仁恭

日后维护问题

「1」各目前 LED 灯具无统一制式规格，即使提供相同的瓦数、色温等光源数值，却因不同制造厂商而产生不同的光源效果，所以日后维护也只能采用原采购厂牌的灯具。「2」日后灯具坏掉，即便采买原厂牌灯具，也会因为灯具厂LED 进货批次不同，而有不同色温甚或亮度不同的问题。「3」一般传统灯具后续维护仅需更换灯泡光源，但目前大部分的 LED 灯具需替换整组灯具（连带灯具外壳），当整组灯具需替换时，必须有拆线、接线问题，则需仰赖水电专业工程人员。「4」承上点，因 LED 需替换整套灯组，如维修不慎则容易伤害建筑表面及防水层。「5」LED 灯具新旧产品替换率快，发包采购时需库存部分灯具成品，否则当灯具损坏时，恐已无同款灯具可以替换。例如：一年前市场上 MR16 LED 杯灯以 3 ~ 4 W 为普遍产品，但现在各家厂商皆主推 7 ~ 10W 的 MR16 LED。「6」除一般电源供应线路，另有其他设备控制系统，使线路维修较一般灯具复杂，灯具维修需仰赖原灯具厂商配合。

色温无法统一

「1」因无法取得整体统一的色温（尤其是白光 LED 光源），导致呈色效果参差不齐。「2」即使都是 2700K 色温，也会有偏红或偏黄的光色无法统一的问题。

灯具品质检测不易

「1」LED 从晶片封装到组装成灯具，这其中之专业各家厂商有各自的技术，也因此就算都是用同规格的 LED 晶片，因散热或电源驱动方式不同，最后灯具所能达到的亮度也不同，日后灯具光衰的程度也会不一样。「2」假设设计单位在设计阶段看过某国际大厂牌的 LED 灯具点亮的效果，便以此灯为规格定订规范，送审时就算厂商提送符合设计规范的 LED 晶片规格，瓦数、角度、LED 颗数、间距等都与设计规范相同，最后整组灯具之亮度也可能比该国际大厂牌灯具低，且可能低了 30% 以上。「3」即使 LED 晶片有出厂证明，也很难确认灯具内的 LED 晶片是采用所提送证明的同批货。「4」除了 LED 晶片的出厂证明外，其他整组灯具的光效如配光、亮度等检测资料一般灯具厂商通常无法出具。「5」目前 LED 的相关周边产品发展的速度远大于国际标准单位所制定 LED 相关测试法规，故世界上还没有一部放诸四海皆准的法典可供 LED 相关产品设计者所使用。「6」以美国能源部（DOE）下的环境保护局（EPA）所颁发的能源之星（ENERGY STAR）提出了 LED 固态照明灯具的验证方式，其中 LM－80 的实验目的为计算 LED 元件的平均光衰维持率，其实验时间长达 6000 ～ 10000 小时，这对一般的灯具厂商来说可能花了几个月甚或一两年研发出一项产品后，要再花约一年的时间送检取得认证后才能推出产品，在这两三年的过程中，LED 晶片的发展可能又是另一新世代。

LED光衰问题

「1」现阶段全球 LED 大厂们做出的 LED 产品光衰程度都不同，大功率 LED 同样存在光衰，这和温度有直接的关系，主要是由晶片、荧光粉和封装技术决定的。目前，市场上的白光 LED 其光衰可能是向民用照明进军的首要问题之一。「2」就算用了大厂的 LED 晶片，但当灯具厂商组装灯具时散热未做好时一样会影响光衰。

灯具外形美观及眩光问题

「1」以室内顶棚灯具而言，目前市面上的 LED 灯具多无遮光的设计，LED 晶片直接外露于灯具面上，造成眩光的问题且也不美观。「2」目前 LED 如要替代高效能的光源，所需 LED 颗数较多或瓦数较大，因 LED 灯具需散热的特性，灯体则需较大也比较不美观。

LED灯具并非绝对省电

以目前 T8 LED 与 T5 日光灯比较，效率并没有比较高，要达到相同亮度来说，LED 并未比较省电（Table 1.2）。

Table 1.2 T8 LED 与 T5 日光灯比较

	2' T5 日光灯	2' T8 LED（某国际大厂牌）
瓦数 (W)	14	11
亮度 (Lumens)	1350	825
寿命 (hrs)	24000	40000（推算之数值并非实际）
效率 (Lumens/W)	96.4	75

LED淘汰期过短

传统光源以日光灯为例，一代汰换一代约 15 年，但 LED 为半导体行业，汰换周期平均为 6 ~ 8 个月，如此寿命声称再长，对使用者更换备品而言也是极短的。

LED对健康的影响

生活科学期刊上有关家用低功率 LED 对动物眼睛的危害的论文，由中山医学院跟台大医学院做的实验。白老鼠暴露在 LED 下直接照射每天 2 小时，以及以 LED 为光源的环境中分别持续 2 ~ 4 周及 39 周后做视网膜病理解剖摘要如下：

「1」400 ~ 750nM 的 LED 蓝光会对视网膜外核层产生伤害，厚度减少，最糟只剩一半不到（白光也是由蓝光加黄色荧光粉所产生的）；「2」视网膜外核层感光体细胞损失最高达 45%；「3」不管是直接照射眼睛，或是间接照射，都对眼睛有危害。

光源发展的主要进程

1879 年 10 月 21 日，爱迪生把很细的碳化纤维丝封在一个真空的玻璃泡里面，再给碳丝施加电压，稳定的电力照明时代从此降临。百余年来，电灯的发明一直在人类科学史上占有很重要的地位。随着新技术的不断进步，照明光源更多地细分为普通用照明灯、高压和低压电灯、卤素灯、荧光灯等。20 世纪后期开始发展的发光二极管给照明带来新的革命，开启了 LED 时代的序幕。

托马斯·阿尔瓦·爱迪生
[Thomas Alva Edison]，
美国伟大的发明家。

照明发展简史

英国的 Humphrey Davy 用实验室显示了白炽灯。

现象，是同类的先驱。

美国科学家爱迪生于 1877 年开始研究白炽灯泡。

进入电气照明时代。

爱迪生在他的实验室里研制成功了第一只可供实用的白炽灯泡，这一发明使人类社会从漫长的火光照明

此后，更多科学家们致力于电光源及其材料的研究。用钨丝做灯丝材料的研究成功是白炽灯技术进步的重大突破，单螺旋白炽灯、充气白炽灯、双螺旋白炽灯也相继问世。

1930年	1938年	1959年	1966年	20世纪70年代

在 Humphrey Davy 研究气体放电现象的基础上，Kuch 研制成供医疗用的高压汞灯。

这一年低气压汞蒸气放电灯——荧光灯问世。其具有发光效率高、亮度分布均匀、发光柔和、热辐射量小、寿命长、可以研制成各种光色等优点。

美国通用电气公司（GE）的 E.G.Zubler 利用卤钨循环的原理，研制成具有体积小、寿命长、发光效率高、光色好、光输出稳定优点的石英卤钨灯。

日本日亚化学公司在 GaN 蓝光发光二极管的基础上，开发出以蓝光 LED 激发钇铝石榴石荧光粉而产生黄色荧光的技术，开启了 LED 迈入照明市场的序幕。

发明铝酸盐体系三基色荧光粉，为荧光灯小型化奠定了基础，从而开发了紧凑型荧光灯。

光源、灯具及技术对室内空间的影响

目前在设计行业甚或是照明设计行业里，大家对于特定位置的照明设备在叫法上多有不同，也因此造成很多人对于同一用法或是安装方式及位置相同的灯具无法有一个相同的叫法而造成鸡同鸭讲的情形。以下的灯具根据灯具不同的使用方式，而将照明方式分成三大类。

按发光方式分类

以灯具为中心，作为水平线依据，根据水平线上下两侧发光量的比例，可将其分成"直接光"、"间接光"、"直接／间接光"、"半直接光"、"半间接光"、"光"六大类。

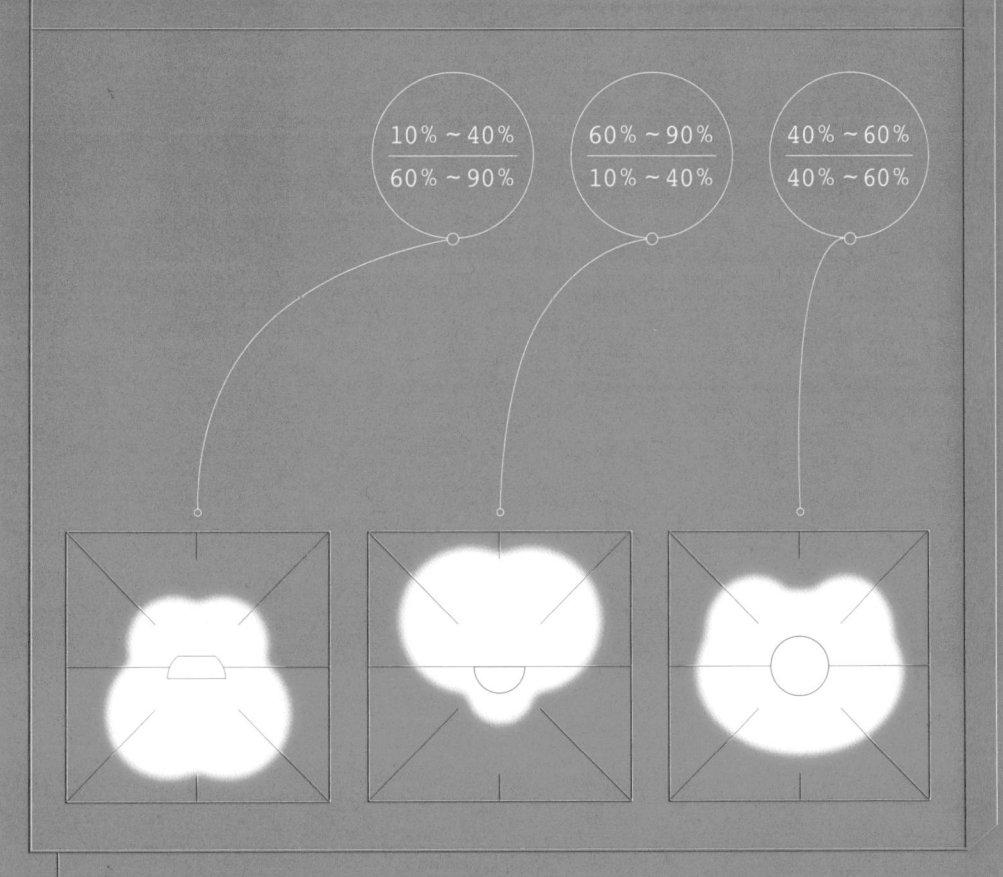

按安装方式分类

根据灯具与表面结构安装的方式可将灯具分成嵌入式、半嵌入式、表面固定式、垂吊式、轨道式、壁装式、地埋式、水下式等类型。

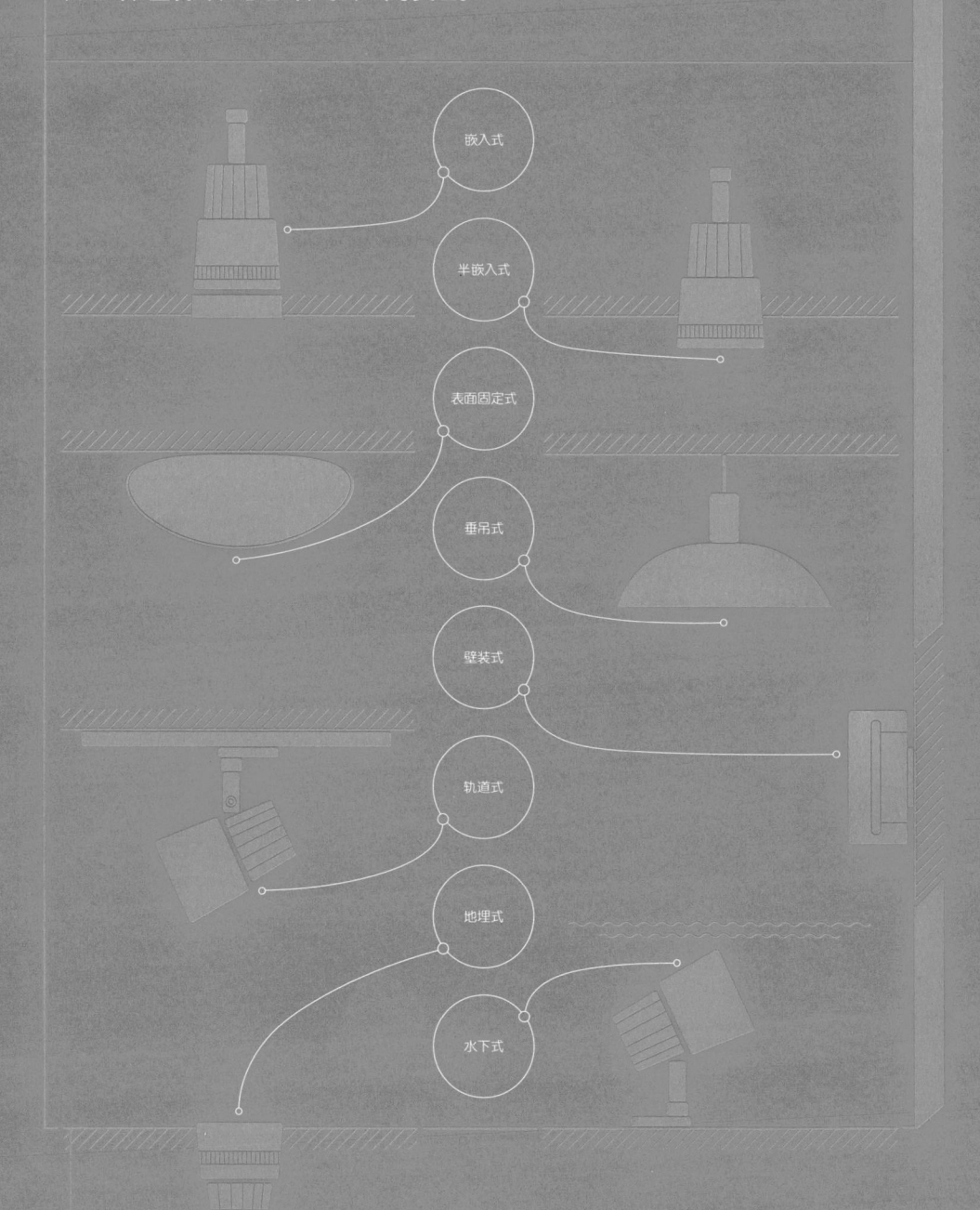

嵌入式

半嵌入式

表面固定式

垂吊式

壁装式

轨道式

地埋式

水下式

按照射方式分类

灯具依据灯具特点及照射方式可做简单之分类，例如：上照灯、下照灯、洗墙灯、投光灯等。

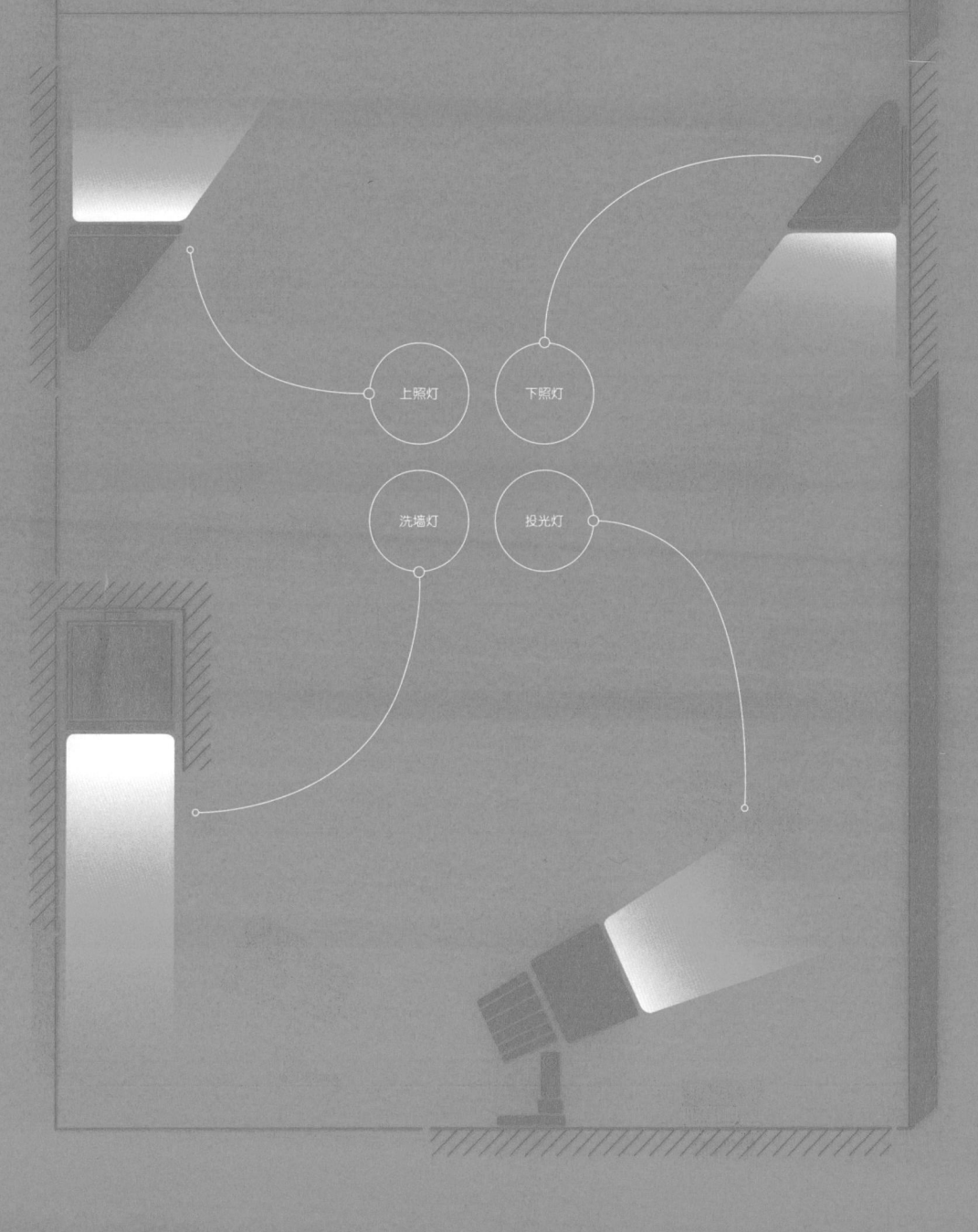

上照灯

下照灯

洗墙灯

投光灯

与光有关的概念

光主要包括明暗与色彩两大方面，其中明暗涵盖光通量、发光强度、亮度、照度、眩光等，色彩则涵盖色温、色相，孟塞尔体系以及 CIE 体系等。

光

通过视觉器官能够引起视觉的辐射。它的波长范围是 380~780nm。现代物理认为，光是一种具有波粒二象性的物质，即光既具有"波动性"又具有"粒子性"。只是在一定条件下，某一种性质显得更为突出。一般来说，除了研究光和物质作用的情况下必须考虑光的粒子性而外，可以把光作为电磁波看待，称为"光波"。

可见光

能直接引起视觉的辐射，波长范围是 380~780nm。

紫外光

波长比可见光短的辐射。波长约为 1~380nm。

光致发光

由光子激发引起的发光现象，通常简写成 PL。

电致发光

由电磁的激发而产生的固体（主要是荧光体）的发光。它通常简写成 EL。

激发

在量子力学体系中给定了能量，促使其从能量低的稳定状态跃迁到能量较高的稳定状态。

荧光

激发以后极短时间（一般规定在 8~10 s）内的光致发光或激发中持续的光致发光。

光谱

将辐射分解成按波长排列的由单色光形成的图像。

连续光谱

在光谱展开图像中没有间断的光谱。由固体或液体发射的热辐射光谱通常是连续光谱。

线光谱

由单色光或单色光群组成的光谱是线状的不连续的光谱。

光的各个波段

波长区域（nm）	区域名称
1~280	UV-C（远紫外）
280~315	UV-B（中紫外）
315~380	UV-A（近紫外）
380~435	紫光
435~500	蓝、青光
500~566	绿光
566~600	黄光
600~630	橙光
630~780	红光
780~1400	IR-A（近红外）
1400~3000	IR-B（中红外）
3000~1000000	IR-C（远红外）

光通量

发光强度为 I 的光源在立体角元 dΩ 内的光通量为 dΦ=IdΩ（符号：Φ、Φv；单位：lm）。

光通量通常用 Φ 来表示，在理论上其单位相当于电学单位瓦特，因视觉对此尚与光色有关，所以依标准光源及正常视力度量单位采用"流明"，符号：lm 。

[1] 光通量是每单位时间到达、离开或通过曲面的光能量。
[2] 光通量是灯泡发出亮光的比率。

发光强度

点光源向观察方向微小立体角内发射的光通量除以该立体角元（符号：I，Lv；单位：cd）。坎德拉是国际单位制和我国法定单位制的基本单位之一，其他光度量单位都是由坎德拉导出的。

测量光强时要求被测光源是一个点光源，或者光源的尺寸与测试距离相比足够小。整个空间的光强分布也称为配光性能，光强分布的数据主要用于照明设计计算以及光源配置反射罩时进行反射面形状设计计算，是照明设计人员设计灯具的重要参考依据。

光亮度

在表面一点和给定方向上，面元的发光强度除以该面元在垂直于所给定方向的平面上的正投影的面积（符号：L，Lv；单位：cd/m²）。

亮度是表示发光面明亮程度的，指发光表面在指定方向的发光强度与垂直且指定方向的发光面的面积之比，单位是cd/m²。对于一个漫散射面，各个方向的亮度都是相等的。

照度

在表面一点和给定方向上，面元的发光强度除以该面元在垂直于所给定方向的平面上的正投影的面积（符号：L，Lv；单位：cd/m²）。

E=dΦ/dA，式中：E为照度，单位为lx；A为面积，单位为m²。

亮度与照度的关系

$L=R \times E$（式中 L 为亮度，R 为反射系数，E 为照度）。因此，当我们知道一个物体表面的反射系数及其表面的照度时，便可推算出它的亮度。

不同环境下的典型照度

照明条件	照度（lx）
满月	1
家庭灯	30~300
办公桌照明	100~1000
手术照明	1000
阳光	100000

眩光

眩光由光源的不适当亮度分布、亮度范围或极端对比等，使视觉不舒适或存在降低视觉能力的视觉条件。周围暗、光源亮度太高或太靠近视线都会产生眩光。通俗一点说，眩光就是通常所说的"晃眼"，它会使人感到刺眼，引起眼睛酸痛流泪和视力降低，甚至丧失明视能力。人眼的上视角为 15°，所以为了防止眩光，灯具的出光保护角都大于 15°（通常设计为 25° 以上）。

色温

光源的色品与某一温度下黑体的色品相同时，该黑体的绝对温度为此光源的色温度，亦称"色度"。该量的符号为 Tc，单位为 K。

自然光的色温图

晴朗的天空	7500~12000K
正午的太阳光	3300~5250K
晚霞的天空	1000~1500K

人工光源的色温

蜡烛光	2000K
高压钠灯	2000~2500K
碘钨灯	2700K
白炽灯	2900K
溴钨灯	3400K
金属卤化物灯	4500K
日光色荧光灯、高压汞灯、氙灯	5500~6000K

色品

用CIE标准色度系统所表示的颜色性质。由色品坐标定义的色刺激性质。

色相

根据所观察区域呈现的感知色与红、绿、黄、蓝的一种或两种组合的相似程度来判定的视觉属性，亦称"色调"。

物体色

被感知为某一物体所具有的颜色。

表面色

被感知为某一漫反射或反射光的表面所具有的颜色。

发光色

被感知为某一发光区域（如光源）或镜面反射光区域所具有的颜色。

饱和度

用以评估纯彩色在整个视觉中的成分的视觉属性。

彩度

表示物体表面颜色的浓淡，并给予分度。

显色性

与参考标准光源相比较，光源显现物体颜色的特性。

显色指数

光源显色性的度量。以被测光源下物体颜色和参考标准光源下物体颜色的相符合程度来表示。该量的符号为 R。

特殊显色指数

光源对国际照明委员会（CIE）某一选定的标准颜色样品的显色指数。该量的符号为 Ri。

一般显色指数

光源对国际照明委员会（CIE）规定的八种标准颜色样品特殊显色指数的平均值，通称显色指数。该量的符号为 Ra。

常用光源的显色指数

光源类型	显色指数 Ra
普通白炽灯	100
玻璃射灯	81~93
汞灯	45
普通荧光灯	70
紧凑型荧光灯	85
金属卤化物灯	65~92
高压钠灯	23/60/85
低压钠灯	44
LED	60~85

CIE（国际照明委员会）

这个委员会创建的目的是要建立一套界定和测量色彩的技术标准，CIE标准一直沿用到数字视频时代，其中包括白光标准（D65）和阴极射线管（CRT）内表面红、绿、蓝三种磷光理论上的理想颜色。

CIE颜色系统是人的大脑对物体的一种主观感觉，用数学方法来描述这种感觉是一件很困难的事。现在已经有很多有关颜色的理论、测量技术和颜色标准，但是到目前为止，似乎还没有一种人类感知颜色的理论被普遍接受。RGB模型采用物理三基色，其物理意义很清楚，但它是一种与设备相关的颜色模型。每一种设备（包括人眼和现在使用的扫描仪、监视器和打印机等）使用RGB模型时都有不太相同的定义，不能相互通用。

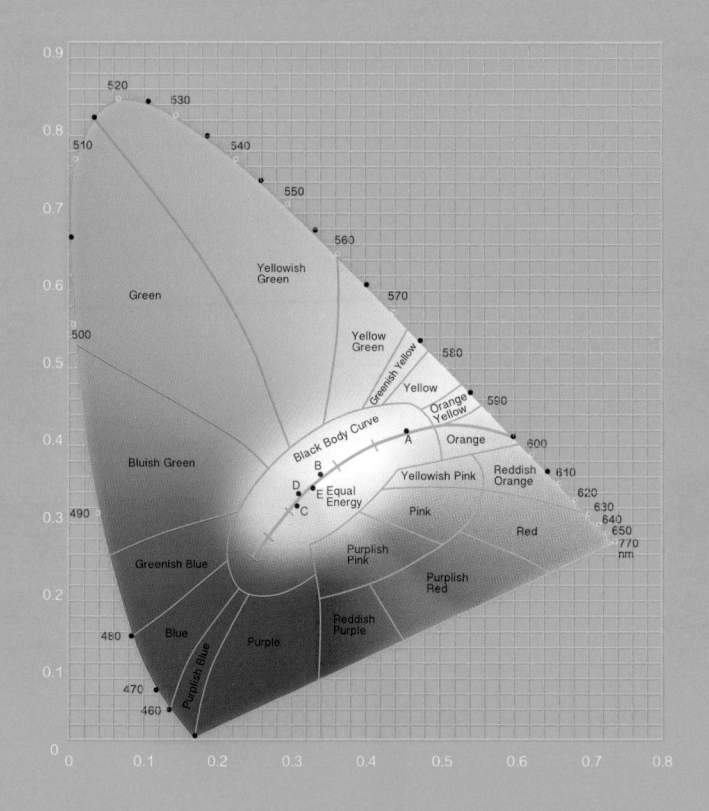

CIE1931 chramaticity diagram
all possible color coordinates(x.y) are on or inside horseshoe curve

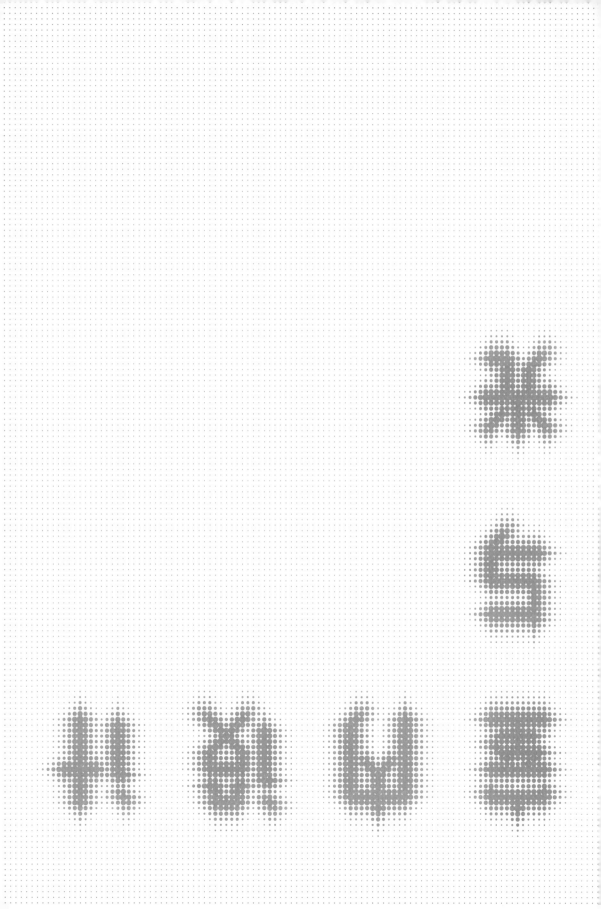

总论

设计空间就是

设计光亮

"光是空间的灵魂"，光在空间塑造中的作用对于建筑师、景观设计师和室内设计师来说都是不言而喻的。

提到"光"大家都很重视，然而大多数设计师对于照明的理解是不够的。以室内照明为例，照明设计经常被建筑师或室内设计师代劳，他们往往直接套用实体元素的造型方法，只注重灯具实体造型的构成，如在顶棚平面上把灯具进行对称或规则的排列，形成一个图案，使光的设计成为实体形式设计的延伸和附属，而没有体现光作为构成空间之重要元素的自身的表现规律。这种以实体造型的思维模式为着眼点的照明设计，很难满足照明质量的要求（诸如照度、亮度比、眩光问题、视觉舒适性等）。

他们关心的是灯具的造型、材料等这样一些实体元素，在这一点上，设计师与普通老百姓的区别，也许仅在于灯具式样的雅致品位上，或者在于灯具的造型能否与室内设计相匹配上。他们搞不懂一盏看似普通简单的灯为什么要造价上千欧元，而一盏精雕细凿的 18K 金的水晶灯仅需一千元人民币。

对于照明设计的无知和忽视已经成为目前阻碍空间设计品质提升的最大的瓶颈 —— 照明设计是空间设计品质提升的最大潜力。

照明设计是一个设计品质的问题，对设计师进行照明教育，首先要让他们具备对于照明设计品质和设计品位的敏感性。有人说，要设计五星级酒店，先得住过五星级酒店。所以首先要让设计师们了解和感受什么是好的光、什么是好的灯具、什么是好的照明设计，使得他们再看到差的就会无法接受。

美国建筑大师路易斯·康（Louis Kahn）说："设计空间就是设计光亮"，空间、造型和材料的设计只是一种准备和前提，只是阶段性成果，最终成果是要完成一个空间视觉形象。设计师们应该明白，照明设计是空间视觉形象设计的关键一环 —— 没有照明设计的空间设计是未深入的设计，未完成的设计，是瘸腿的设计。当然设计师们不需要知道太多的照明技术细节，但要知道该关心哪些照明观念和技术环节。

无论是建筑、景观、室内还是照明设计，都拥有一个共同的目标：塑造空间的视觉意象。在这个目标之下，建筑、景观、室内设计师应该从专业层面理解光在空间中的作用，而照明设计师则应该进行"换位思考"，从环境的视角和立场理解光与空间的关系；照明设计与建筑设计不仅应该拥有共同的目标，而且应该拥有共同的观念和设计语境。

2.1 光与色的三部曲

2.1.1 绘画

第一部曲：古典绘画 —— 形体是主角，光色是手段

古典绘画是建立在透视学和解剖学的基础之上的，注重的是对具体物象的刻画，它的技法服务于具体物象的三维实体表现，力求达到所谓"照相真实"。古典主义画家虽然也曾注意自然中的光与色，但他们是通过光色来描绘实体、塑造实体，进而通过"实体"表达思想。

第二部曲：印象派绘画 —— 光色是主角，形体是载体

印象派画家的动机与古典画家们不一样，印象派画家只对光、色本身感兴趣，不管这些光色是来自池塘、河流、树林，还是来自人体、舞厅、街道。印象派画家在当时直接受到自然科学中的光学和色彩学研究的影响，尤其是德国科学家赫尔姆霍茨的《色调的感觉》和《生理学的光学》，以及法国科学家希凡诺的《色彩在工艺美术上的应用》等纯科学性的论著的发表，使印象派画家们提高了对光与色的兴趣和理解。他们根据这些科学理论提出，世界上的一切物体都是因光的照射作用而显现出它的物象的，而一切物象是各种不同色彩的结合，即赤、橙、黄、绿、青、蓝、紫太阳七原色的组合。以此看来，不存在"光"，也就无所谓"色"，失去了光与色也就不存在任何物象了。而作为一个画家，就必须

把光与色的表现作为主要的任务，具体物象的表现也应该服从于光与色的表现，马奈曾说过："绘画的主角是光"[1]。

这就使得光色具有游离于具体物象而存在的可能，而正是这种"游离"使绘画产生了质的飞跃。

就像一粒种子，一旦获得生命，便会成为一个独立的个体，按照自身的方式发展繁衍。早期的印象派画家对于光色的表现并未妨碍他们笔下形体的明晰。后来随着对于光色的进一步重视，他们有意识地淡化具体物象的刻画而凸显光色的表现，以至声称在他们观察物象时眼前闪烁的就是各种各样的色点，而画面的形成和物象的结构就是由这些色点构成的，于是，画面中物体的轮廓线便朦胧在一片闪烁的色点之中了（Fig. 2.1 ~ Fig. 2.4）。

绘画从此由具象开始向抽象渐变，这种变化预示着绘画的中心观念从"实"向"虚"的转移，使绘画从"实体的重负"之下解脱出来，这尤其明显地反映在新印象派（即点彩派）画家的作品之中。新印象派的代表人物修拉根据物理学上"分光镜"对自然的分色现象提出了自己的分色理论，他主张运用单个的笔触和纯色进行并排（而非叠加混合，通过视觉对并排的纯色进行混合，即以视觉的混成取代颜料的混合，因为视觉上的混成所激发的亮度要比混合的颜料所产生的强得多，并且将色调分解成组织结构的元素进行组合对比。塞尚和莫奈等人也得到了相同的结论，他们都认为应该全面强调每幅画的色彩结构。

基于这种认识，后期印象派绘画在形式上发生了两个显著的变化——强调对比的法则和对画面的平面特质之追求。由于采用纯色的并排

[1] 大英视觉艺术百科全书（中文版）/ 台湾大英百科股份有限公司 / 广西出版总社 / 广西美术出版社 /1994.20-29

平列，每一种色彩都是"主动"的，也就不存在"阴影"的概念，于是三维实体的视幻效果减弱了，画面自然趋于平面化。这种平面化的风格又反过来促使画家专注于画面的整体性和构成性 —— 画面结构。平面化的风格和对画面结构的追求，使视觉形式摆脱了以实体写实为目标的"光影表现"的束缚，解体了光影空间的客观秩序，画家自觉的调度色彩和明暗因素来构筑画面，这是对自然的超越，极大地拓展了艺术表现的疆域，给往后许多绘画的中心观念，尤其是抽象主义和表现主义奠定了基础，并起到了催生作用。

第三部曲：抽象主义和表现主义绘画 —— 色块与视觉的独角戏，具象形体消解

Fig. 2.5、Fig. 2.6 是抽象主义画家的作品，从中可以看出，画家完全脱离了具体形象，而专注于色彩和画面的整体结构和构成关系，呈现出几乎完全的平面特质，其他很多现代绘画也都具有这样的特点，这无疑是汲取了印象派绘画的核心观念[2][3]。

抽象主义大师康定斯基曾给予印象派极高的评价："新印象主义就是把自然的全部闪耀和光辉一同搬到画面，而不是被分割的局部。"他甚至将德彪西的音乐和印象派相提并论，认为二者都表现出对本质内容的执着追求，创造出抽象的精神印象。

Fig. 2.5 罗伯特·德劳内作品

Fig. 2.6 抽象主义画家作品

Fig. 2.7 加拿大室内设计

Fig. 2.8 室内设计

[2] 王中义 / 许江 / 从素描走向设计 / 中国美术学院出版社 /2001.61-73
[3] 世界绘画珍藏大系 / 上海人民美术出版社 /1998

2.1.2　建筑

如果说建筑可以归属于视觉艺术，那么它是否也会如绘画一样经历视觉观念的变革?

第一部曲：古典观念 —— 空间和形体是主角，光色是手段

如同古典主义画家通过光色来描绘实体一样，设计师精力集中在空间中的实体元素，而只是把光色作为显现空间中实体元素的手段。于是设计中经常出现这样一个问题：虽然空间的各个立面造型比较丰富，但明暗关系基本上只是起到再现实体造型的作用，空间画面整体上呈现出均质的亮度，明暗层次单一，没有充分体现出亮度的表现作用，更谈不上对亮度明暗因素的自觉调度（Fig. 2.7、Fig. 2.8）。

第二部曲：印象派观念 —— 光色是主角，空间和形体是载体

印象主义的革命性观念从根本上改变了绘画的面貌，并超越了绘画的领域，对往后的视觉艺术产生了深远的影响，建筑当然不会例外。勒·柯布西耶（Le Corbusier）有一句被广泛传诵的名言："建筑是对阳光下的各种体量的精确的、正确的、卓越的处理"，从内容表述和时间上推断都极有可能是受印象主义的影响；路易斯·康说："结构是光亮的赐予者。当我选择了一个结构序列，一根柱子并排挨着一根柱子，这一序列

就显现一种无光、有光、无光、有光、无光、有光的韵律。拱顶、穹隆，也都是一种光亮特征的选择"，"设计空间就是设计光亮"。这简直就是建筑版的印象派宣言。英国著名建筑师罗杰斯说："建筑是捕捉光的容器，光需要可使其展示的建筑。"安藤忠雄（Ando Tadao）同样认为建筑设计就是要"截取无所不在的光"。

可以看出印象派的观念对几代建筑师的潜移默化的影响，或者说是一种共识。除了"共识"，那么，建筑师能否或应该如何在空间视觉设计的具体的思想方法上借鉴印象派绘画的成就呢？

在一些优秀的室内设计作品中，明暗对比与构成显然支配着整个空间画面，设计师通过对亮度明暗因素的调度，营造出了强烈的场所精神，它们可以说是空间设计的印象派作品（Fig. 2.9 ~ Fig. 2.11）！安藤忠雄认为，现代建筑消除了黑暗，创造了"过分透明的世界"——一个"泛光的世界"；"这种光晕般扩散的光的世界，就像绝对的黑暗一样，意味着空间的死亡"，这将导致场所意义的丧失。他进一步说明："在到处布满着均质光线的今天，我仍然追求光明与黑暗之间相互渗透的关系。"我认为安藤所说的"追求光明与黑暗之间相互渗透的关系"可以理解为追求空间整体上——而非仅仅是局部——的亮度明暗层次之对比。

在超越视觉经验并强调明暗层次和对比的同时，更应该强调空间的亮度结构的整体性和构成性，使作品进入某种精神境界。

第三部曲：当代观念——信息是主角，空间和形体成为媒介

在当今的信息和网络时代，媒体信息像一种介质弥漫于人与城市建筑之间，在快节奏的商业文化和可视数字媒体的介入下，人们被替代符号

重重包裹，只要走在街上或打开电视，不论你乐意与否，无数影像以极快的速度飞向你的眼球，如果说之前工业时代的主题是实体与材料，那么后工业时代的主题则是数字与影像。

无论建筑师和政府的市容管理部门愿意与否，以图形和文字信息的传递展示界面，如建筑媒体幕墙、城市 LED 大屏幕、电子广告牌等，都充斥在城市之中。

媒介环境学的开山祖师麦克·卢汉（Marshall-Mcluhan）（Fig. 2.12）说"媒介即信息"。按照他的理论推理，建筑既是媒介（信息的载体），也是信息本身。

近年来，业界出现了一个新的名称："媒体建筑（Media Architecture）"，是将数字媒体影像与建筑表皮相结合的一种新的建筑形式，某种程度上可看作是具有科技属性的艺术装置，其中除建筑（室内、景观）专业外还涉及视觉传达、广告策划、影视艺术、媒体动画、装置艺术、实验艺术、数字智能、半导体照明、绿色节能等多领域。

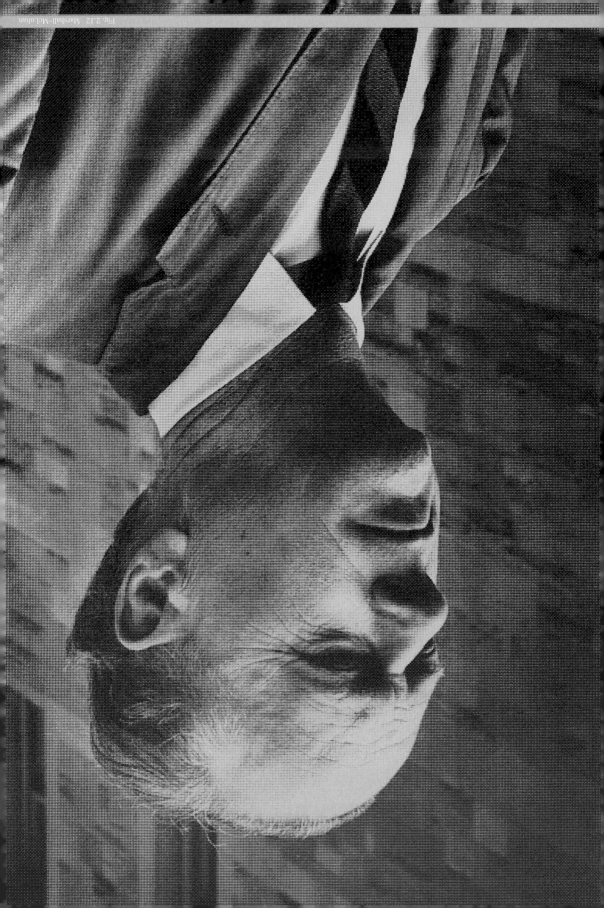
Fig. 2.12 Marshall-McLuhan

媒体 + 建筑，则将建筑的产生跳脱出以往的逻辑，变成从媒介、信息与逻辑的呈现出发。在这里，建筑不仅仅是一个结构，建筑等于一个媒体化的表达。那么，建筑中之光色自身也将成为媒介 + 信息，这种角色超越了主体、载体之分，它自身有其特有的表达，自身产生意义。

我们相信，如同抽象主义和表现主义绘画，媒体建筑将是一个机遇——颠覆传统建筑和空间观念、开启基于建筑与城市的视觉艺术的新时代（Fig. 2.13 ~ Fig. 2.15）。

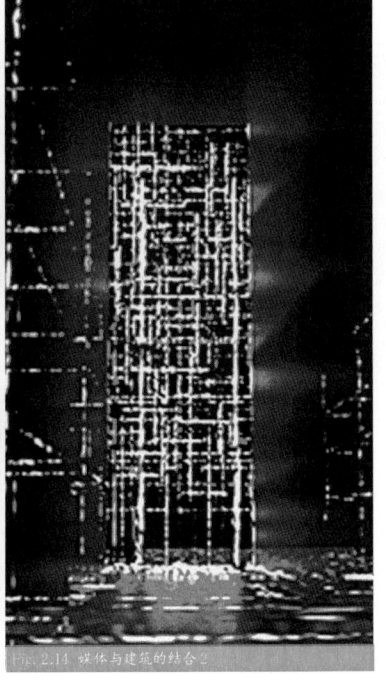

Fig. 2.13 媒体与建筑的结合 1

Fig. 2.14 媒体与建筑的结合 2

Fig. 2.15　酒店 GreenPix 零能托媒体立面

　　媒体建筑出现至今不过十年，但在以视觉为中心的当下，建筑的媒体化趋势正成为一股强大的力量。它不仅改变了城市的景观，更重要的是，其未来发展将改变人们对于建筑、景观乃至城市和空间的观念、认识与理解，甚至改变人们在城市中的生活方式。

　　媒体建筑既是审美观念变革的结果，也是商业文化深刻影响的对象。它把城市规划、建筑景观、室内空间、视觉艺术、商业文化通过新型科技有机地结合起来，必将成为各领域跨界合作、共同发挥影响力的新舞台（Fig. 2.16、Fig. 2.17）。

Fig. 2.16　建筑空间的媒体化 1

Fig. 2.17　建筑空间的媒体化 2

2.2　室内空间的视觉本质

2.2.1　亮度空间

　　如前所述，印象派的基本出发点是认为世界上的一切物体都是因光的照射作用而显现出它的物象的，不存在"光"，也就不存在任何物象了。这在室内空间中也是适用的，人的肉眼只能对某一波段的可见光做出反应，如果物体不能发出可见光，人眼就不能感受到它的存在，也就没有视觉意义。而物体要发出可见光就必须具有亮度。人实际上是通过物体的亮度来感受其视觉存在的，失去了亮度也就不存在任何物象了。

　　基于此，我们提出了"亮度空间"的概念：如果把由实体元素（如墙、顶棚、地面、隔断等）构成的空间称之为"实在空间"，那么由这些实体元素的亮度构成的视觉空间就称为"亮度空间"。既然实体元素只有通过亮度才能被视觉所感受，那么"实在空间"只有转化为"亮度空间"才能被视觉所感受。

　　正如路易斯·康所说："设计空间就是设计光亮"，"亮度空间"才是建筑空间作为一种视觉艺术设计的真正目的，而实体形式的构筑只是一种准备和前提。因此在对空间进行视觉设计的时候，就应该如印象派把光与色的表现作为主要的任务，具体物象的表现服从于光与色的表现一样，把亮度的表现作为主要的任务，具体建筑元素的设计应该服从于亮度的表现。

　　需要说明的是，"亮度空间"虽然依附于"实在空间"，但二者不必要一一对应，比如实在空间中存在的元素，亮度空间不见得一定要有所表现；而某些实体元素不仅要通过光亮加以强调、夸张，甚至根据亮度空间的需要生成新的形式。也就是说，亮度空间应该游离于实在空间，具有相对的独立性。这种相对独立性使亮度空间获得了自我表现的可能性。

如果你还认为光的作用就是表达由实体元素构成的"实在空间"，你一定是只能欣赏古典绘画，而绝不会喜欢印象派及其后来的现代艺术，那么，在设计上你也是一个止步于传统的设计师。

在此，我们应该采取现象学的立场，我们在空间中所看到的，就是各种亮度（和色彩）；我们的视野就是由无数明暗梯阶的亮度（和色彩）单元组成的阵列。不管这些"亮度"是谁形成的 —— 金属、玻璃、木材或涂料，也不做如照度、反射性等物理知识的联想，或地板、顶棚、墙体等的判断。我们视觉所感受的就是多层次的亮度系列组合而成的空间 —— 亮度空间。这也正是印象派画家对待光色所采取的态度，即只对光、色本身感兴趣，而不管这些光色来自何物。

在我们的常识中，阴影代表了体积或面的转折，我们不自觉地会通过光影进行关于实体如何的判断。然而设计"亮度空间"的第一要则就是要"忘却"视觉经验。Fig. 2.18 是让无数建筑师唏嘘感叹的帕提农神庙，我们都会睁大眼睛陶醉在它生动的光影和斑驳有力的形式之中。然而在这里，我希望大家采取印象派画家对待光色的态度，即只对光、色本身感兴趣，而不管这些光色来自何物。眯起眼睛，忽略能够引起实体联想的细节，不要把阴影联想为面的转折或体积的起伏，而只看作是纯粹的明暗层次的变化，从而专注于整个画面的明暗对比和明暗转换关系以及明暗层次的整体结构（Fig. 2.19）。

亨利·摩尔在谈到如何欣赏现代雕塑时有一段耐人寻味的话："感受形式就是要感受形式本身，而不要做回忆或经验的联想"。作者把这句

Fig. 2.18 帕提农神庙

Fig. 2.19 帕提农神庙的亮度空间

Fig. 2.20 贝纳德·P·乌尔夫拍摄的建筑立面

话套用到"亮度空间"中:"感受亮度空间就是要感受亮度和亮度层次本身,而不要做回忆或经验的联想。"在这个方面摄影师似乎比建筑师先行一步,他们更懂得明暗层次在画面结构中的重要性。在贝纳德·P·乌尔夫拍摄的建筑立面中(Fig. 2.20),阴影在视觉表现上绝不是处于实体的从属地位,而是与实体同样的"主动"与"实在"。应该强调的是,实体与阴影在视觉感官上的意义是同等的,都是可以感受的明暗标识,是如同印象派笔下的色彩并排一样的"亮度并排"!以这样的观念,才可以打破以表现实体为目的的光影处理原则，而代之以表现亮度明暗为目的，自觉地调度亮度明暗的因素来构筑空间画面（Fig. 2.21）。

图版 2.21 "亮度空间"的整体性和构成性

2.2.2 光的素描

　　包豪斯的基础课程教师琼斯·伊顿说："对于从事美术的人来说，明暗对比是最具表现力和最重要的构图方法之一。""明暗对比是处理亮部和暗部以及三维空间形式的理想手段。我们必须牢牢记住，基本依赖于明暗效果的构图决非产生于线条轮廓，因为块面的色度与和谐取决于明暗对比的力度。"由此他设计了一系列明暗练习，要求学生创作各种明暗色调的非具象色块，也可以自由地想象，在色调变化中塑造各种可能的精神表现 (Fig. 2.22)。

　　他还让学生对新旧名作中的明暗构图和表现的可能性进行分析研究，哥雅的画作《阿尔巴的公爵》的几何分解图，画作对色调变化进行了简化处理，目的是引导学生全面地学习整个画面的构成，而不是客观造型，画面中的每一局部都是由各种层次的黑、白、灰色调构成的，而没有用线条去勾勒形体，作品引导人们关注的不是实体造型而是整体丰富的明暗关系，画面呈现出抽象和构成的味道。琼斯·伊顿认为"艺术家的气质决定着他能否以一种明确有序的构成方式去运用明暗对比，能否从纯视觉的角度去处理明暗关系，或是把它作为一种高度敏感的表现方法。"

　　琼斯·伊顿的构图理论和明暗构成的训练对于亮度空间设计不仅是非常值得借鉴的，而且是必要的。对于亮度的把握应该如同对绘画中明暗色调的把握，在亮度空间的设计中体现出"艺术家的气质"和高度敏感的表现方法。

Fig. 2.22　琼斯·伊顿学生作品

我们把琼斯·伊顿的这种方法应用在设计教学中，强调对建筑空间进行明暗素描的练习，让学生眯起眼睛专注于对建筑空间明暗关系和亮度层次的捕捉与表达，而对形体不作细致的勾画。进一步改变在白纸上用碳铅进行设计和表现的模式，设计了一个练习 —— 黑卡纸素描：采用黑卡纸和白色或其他亮颜色的彩铅或水粉进行设计和表现。因为白纸上的黑色笔触是为了勾勒和表现实体的形态，而我们要引导学生要把每一笔触都设想是为实体材料涂抹"光亮"，而不要认为是在刻画实体造型，每一笔都是一个亮度状态、一个视觉的要素，而非实体的元素。由于黑卡纸和彩铅的限制，学生无法对形体进行精细和准确的刻画，而只能专往于空间明暗关系和亮度层次的构思与表现（Fig. 2.23）。

要求如下：

在黑卡纸（A4 或 A3）上，用彩铅、水粉或其他颜料对一个具有光感的空间场景（也可以是空间场景的照片）进行描绘或表现。

作业要求：

1. 把每一笔触都设想为一个亮度元素、一个视觉要素，而非实体的表现；

2. 专往于空间明暗关系和亮度层次的体验与表现，而不对形体进行精细和准确的刻画；

3. 关注和突出表现空间场景中光的构成性与平面特质；

4. 可以不拘泥于空间的实体形式，凭自己的感受自由发挥和创作光的表现形式。

Fig. 2.23　中央美术学院建筑学院 2003 级学生作业

这些学生作业大概可以分为二大类。一类是写实的，从这些作品中可以看出学生们扎实的绘画功底，这虽然不是本次作业的导向，但还是可以看出他们对于光的关注和对明暗亮度层次及色彩的细微感受和观察，也可以看出他们以光作为出发点，对于构图和画面取舍的选择，也算达到了一定的教学目的，而且不失为赏心悦目的空间绘画作品。

另一类是表现性的，学生们对空间场景进行了变形和夸张，无论是色彩还是明暗，作品的张力很强。作品没有拘泥于原有的空间、界面形式和材质，而是用光塑造出更具表现力的新的形式和肌理：有的如点彩派绘画一样的富于节奏和力度，有的如丝绸般柔美光洁。如同印象派把光与色的表现作为主要的任务，具体物象的表现服从于光与色的表现一样，这些作业打破了以表现实体为目的的光影处理原则，而代之以表现亮度和色彩为目的，自觉地调度亮度明暗和色彩的因素来构筑空间画面。它们很好地体现出印象派绘画的两个显著特征，即强调对比的法则和对画面的平面特质之追求。从这些作品中可以看到，"亮度空间"既依附于"实在空间"，又游离于"实在空间"，具有相对的独立性，正是这种相对独立性使"亮度空间"获得了自我表现的可能性。

这个练习是在作者所指导的室内设计课上进行的。我们要求学生在黑卡纸上进行室内空间意象的构思（而不是在白纸上用碳铅进行设计和表现的模式）。在"黑卡纸草图"的统领下，开始在平、立、剖面上同时对光与空间及实体造型进行设计，并着重调整光源（包括天然采光）、灯具在空间中与实体界面间的位置关系及它们的光学特性。然后反过来再对"黑卡纸草图"进行调整，如此进行多轮的反复。

这个做法是为了让学生在对室内空间进行视觉设计的时候，把亮度的表现作为目的，空间的造型、界面的形式、肌理以及照明灯具的选择应

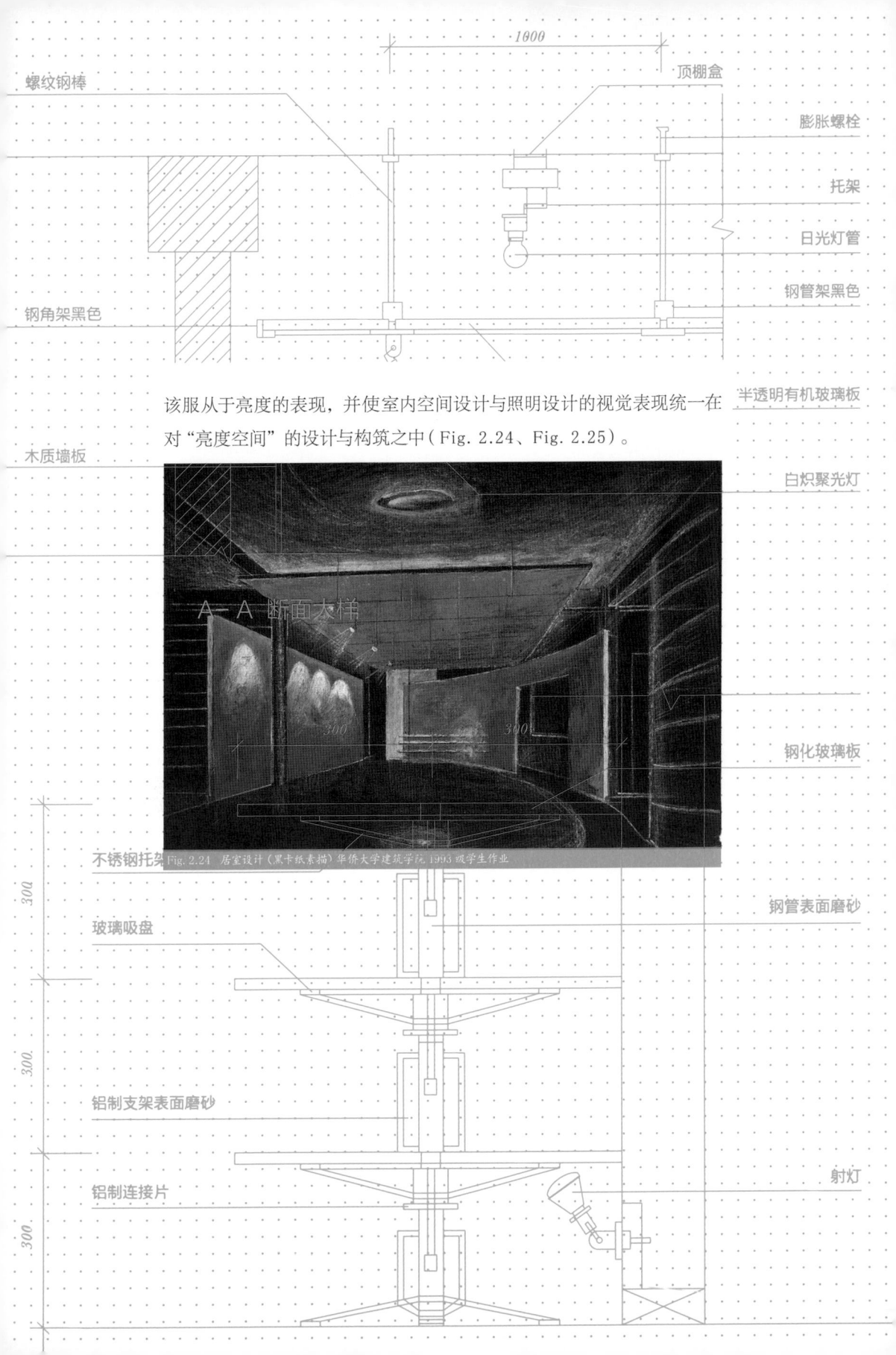

1000

螺纹钢棒

顶棚盒

膨胀螺栓

托架

日光灯管

钢管架黑色

钢角架黑色

半透明有机玻璃板

该服从于亮度的表现，并使室内空间设计与照明设计的视觉表现统一在对"亮度空间"的设计与构筑之中（Fig. 2.24、Fig. 2.25）。

木质墙板

白炽聚光灯

A—A 断面大样

300

300

钢化玻璃板

不锈钢托架

Fig. 2.24 居室设计（黑卡纸素描）华侨大学建筑学院 1993 级学生作业

300

钢管表面磨砂

玻璃吸盘

300

铝制支架表面磨砂

300

铝制连接片

射灯

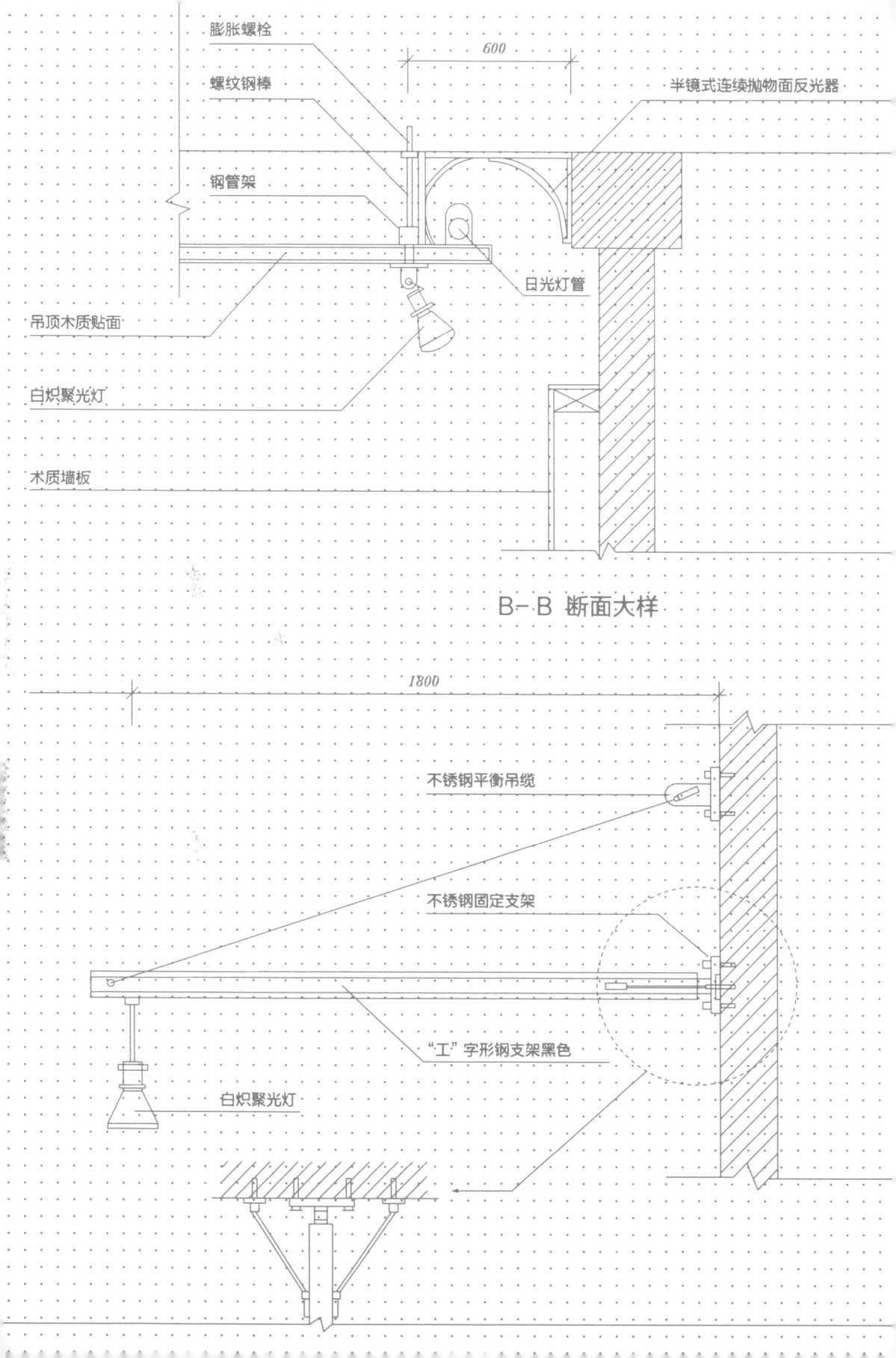

膨胀螺栓

螺纹钢棒

600

半镜式连续抛物面反光器

钢管架

日光灯管

吊顶木质贴面

白炽聚光灯

术质墙板

B-B 断面大样

1800

不锈钢平衡吊缆

不锈钢固定支架

"工"字形钢支架黑色

白炽聚光灯

面光源

点光源

面光源

点光源

面光源

面光源

点光源

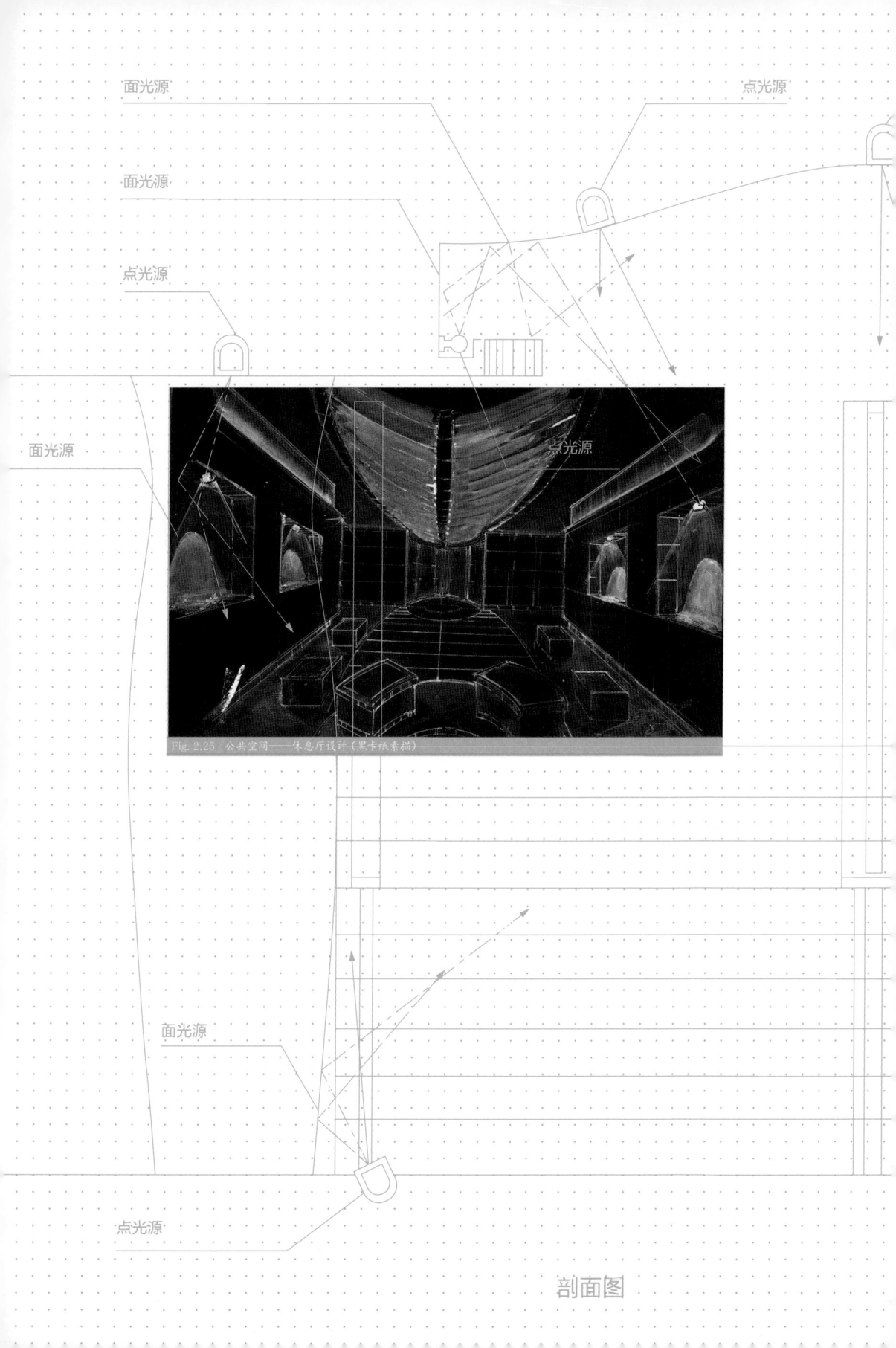

Fig. 2.25 公共空间——休息厅设计（黑卡纸素描）

面光源

点光源

剖面图

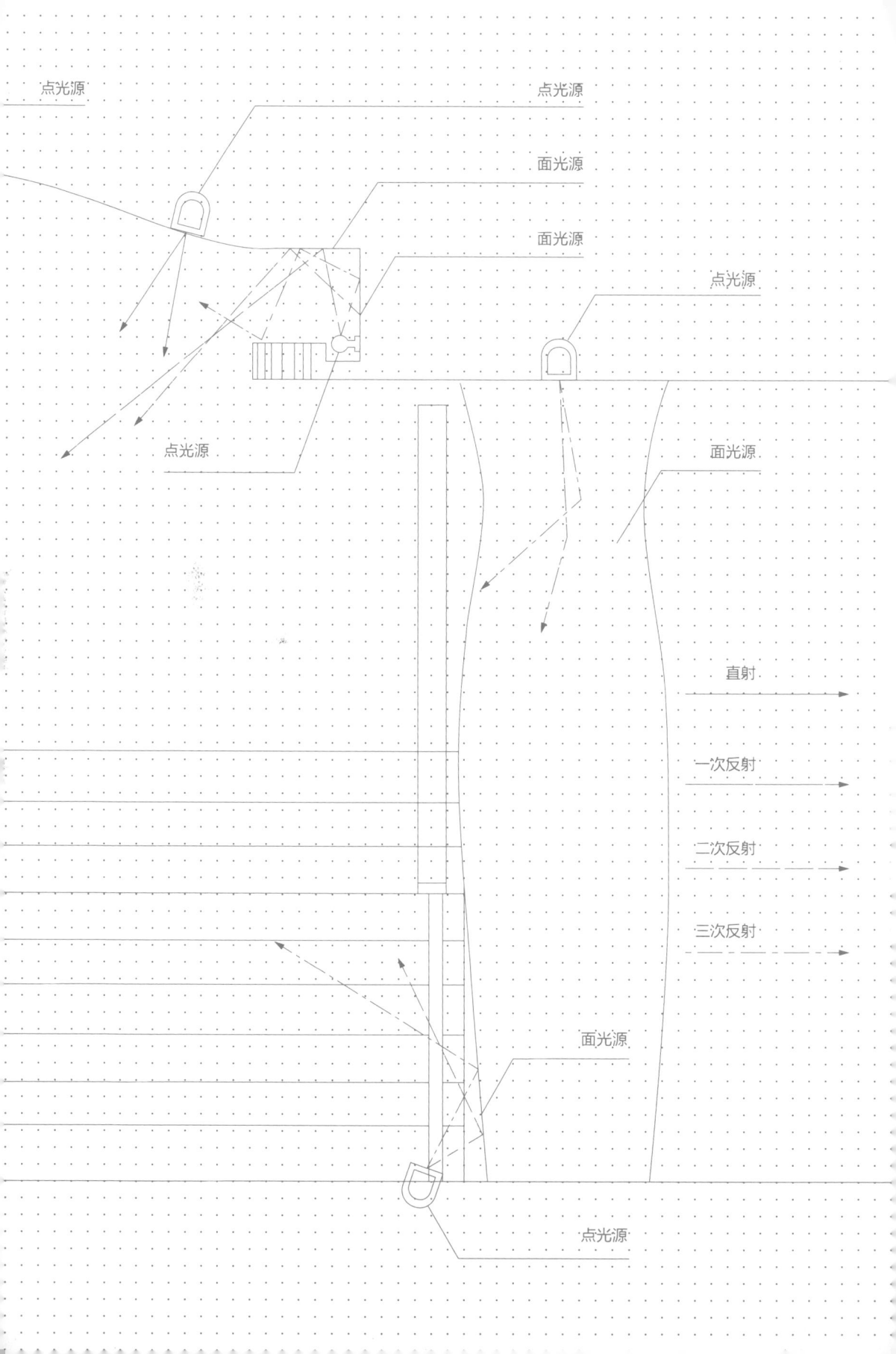

点光源

点光源

面光源

面光源

点光源

点光源

面光源

直射

一次反射

二次反射

三次反射

面光源

点光源

2.2.3　什么是亮度

　　前面我们说过，人的肉眼只能对可见光做出反应，如果物体不能发出可见光，人眼就不能感受到它的存在，也就没有视觉意义。而物体一旦发出可见光就具有了亮度。因此，物体发出可见光是使其具有亮度的必要条件。物体发光有两种情况：一是物体自发光，如太阳、灯泡、灯管、LED 等，二是物体通过反射或透射发出光线，比如被阳光或灯光照亮的墙面或桌面，比如从后面透出柔和光线的半透明窗帘或玻璃。前者的亮度往往极高而造成视觉损害或引发不舒适感，成为眩光，需要加以防护。应该说明的是，作者所提出"亮度空间"概念中的亮度就是指后者，或者说亮度空间就是由材料反射和透射所形成的亮度构成的。

　　首先，它们说明"亮度"是光与物体相互作用的综合指标，是二者互动关系的显示，光或物体的哪一项发生变化都会产生不同的亮度系列。其次，光与物体应具有对应性，物体与光照无论哪一项缺少都不会形成亮度。为了形成适宜的亮度，就必须使一束光照射到某个物体表面上，无论是从前面投射还是从后面透射。世界的万千景象在光与物体的遭遇中展现出无穷的魅力（Fig. 2.26）。

Fig. 2.26 世界的万千景象在光与物体的遭遇中展现出无穷的魅力

　　光的特点是随着与被照表面的位置关系及被照表面的材质、色彩和造型的不同，呈现出动态的、多维的"流体"性质。光本无形，是灯具和被照的界面共同塑造了光的形式。正如安藤忠雄所说，"光并没有变得物质化，其本身也不是既定的形式，除非光被孤立出来或被物体吸收。光在物体之间的相互联系中获得意义。[4]"

　　在亮度空间的设计中，光与界面的关系决定了亮度的空间分布结构，而亮度的分布结构又极大地影响了人对于空间的主观感受 ——空间意象，这往往成为空间视觉环境评价的关键因素（后续章节有详细的探讨）。

　　从灯具的层面，配光曲线、灯具效率、亮度分布、遮光角，这些指标绝不仅仅是技术范畴的，它们是光源与界面关系的索引，关涉到亮度空间的设计语言的本质内容。

2.2.4　亮度空间的设计模式

　　亮度是光与实体相互作用的综合指标，是二者互动关系的显示，光或实体的哪一项发生变化都会产生不同的亮度系列。为了形成适宜的亮度，就必须选择合适的光源与光照，还必须对材料的光学属性（肌理、质地、色彩、形式等）进行选择和设计，同时要对光与材料的位置关系（角度、距离、相对大小等）进行仔细的推敲、计算和设计。既不能只考虑光源和光照而忽视材料的光学特性，也不能只考虑材料而忽视光源和

［4］王建国，张彤编著／安藤忠雄／中国建筑工业出版社／1999.42

光照的特点，要对光与实体同时进行双向的动态设计。

那么，应该如何进行亮度空间的设计呢?

亮度空间的设计可以归纳为这样一个模式：初始状态为"零亮度"，即无光无物的黑暗环境，终极状态为具有最佳的视觉效果的"亮度空间"；设计的过程是，通过对光与实体同时进行双向的动态设计，实现从"零亮度"向理想的"亮度空间"的转换。我们也将其称作"光与空间一体化设计"模式。

2.3 室内光环境的设计原则

从"亮度空间"的概念出发，对于室内光环境设计，我们提出如下的建议。

2.3.1 重返黑暗

在伊斯兰国家流传着一个笑话："月亮比太阳更有用，因为我们在晚上比在白天更需要光线。"这个笑话给说明在明亮的环境中，"光"成为令人熟视无睹的存在。

黑暗对于光的价值 —— 可以说在照明已变得轻而易举的今天，建筑空间中随处可见的是布满着均质光线的"泛光的世界"，光好像是一种默认的状态，成为一种显现物体的、使人熟视无睹的存在。

让我们回到原点，那里是无物无光的世界。首先，我们构筑一个实体形式，但此时我们却无法在视觉上感知它。如何让它成为视觉的表现呢？请设想，当一束光倾斜地照在一个舒缓的曲面上，会形成一个美妙的褪晕；当几束强弱光照射在穿插交错的多个表面上，会形成高光、阴影、反射等明暗交织的丰富的亮度层次。这是光的素描，光线或直射或散射，与实体表面或垂直或倾斜或平行，实体表面或粗糙或光滑，或平展或扭曲，素描的效果取决于光与实体之间双向动态的组合关系（Fig. 2.27）。

人们沉醉于自然景色，喜欢看朝霞、夕阳和浮云，人们为之感动的正是阳光与大气层双向互动所造就的气象万千的壮丽画面。

我们应对设计观念进行一下调整，亮度空间的设计不应该是在"明亮环境"中设计实体，而是应处于"暗环境"（"零亮度"）中，对光与实体同时进行双向的动态设计。

Fig. 2.27 毕尔巴厄美术馆

Fig. 2.28 日光透过天窗，照在肌理斑驳的墙上 1

Fig. 2.29 日光透过天窗，照在肌理斑驳的墙上 2

2.3.2 截取无所不在的光 ——光的对应性

现代建筑中，"泛光的世界"是把光环境设计作为单纯技术问题的结果，其症结在于割裂了光与实体以亮度为核心的对应关系，把光默认为一种通亮的状态，而只注重实体自身的表现。

亮度空间的意象往往是在光与实体的对应性中体现出来的。如古埃及的阿蒙神庙，被作为神和人的世俗代表的聚会点，建筑充满了自然象征意味，塔式门楼是山，多柱式大厅的屋顶是天空，柱子雕刻成棕榈或纸草状。它们的方位得到了精心安排，巧妙地吸收和运用当时最先进的天文、地理、数学等知识。于是，在特定的时刻和季节，阳光就能照射在塔式门楼之间，或者穿过甬道照到特定的神像上。再比如，古罗马的万神庙，由连续封闭的承重墙围合而成单一完整的内部空间。建筑内部是幽暗的，穹顶正中有一个圆洞，直径 8.9m，这是庙内唯一的采光口。穹顶象征天宇，光线从上泻下，象征着神的世界与人世之联系。雨水和阳光通过天窗渗透进寂静、幽暗、相对于建筑的永恒，强调了自然要素的存在和变化，促成了空间本身与人类生活之间的对话。晴天时，直射阳光随着时间的推移，光线在空间慢慢移动，依次照亮神龛中的七个神像。其宗教象征意义远远大于其用于采光的功能。

古人的设计是出于对光的原始本能的理解，并通过光的对应性表达出空间和场所的"精神境界"。

亮度空间的意象往往是在光与实体的对应性中体现出来的，比如前面讲到的阿蒙神庙等建筑实例，古人的设计是出于对光的原始本能的理解，并通过光的对应性表达出"意义"。现代生活中天窗也被大量地应用，然而这些天窗，比如中庭，经常开在顶棚的正中，而下面的空间却没有相应的对应物的设计。可喜的是，建筑师们正渐渐有所领悟，开始有意识地把天窗开在顶棚与墙壁的交界处，让日光透过天窗，射在侧面肌理斑驳的墙上（Fig. 2.28、Fig. 2.29）。路易斯·康说："太阳一直不明白它是何等伟大，直到它射到一座房屋的 侧面。"生动地阐述了光与实体对应的意义。

　　舞台灯光和展示灯光的设计是值得借鉴的：舞台灯光不仅体现了光与实体的对应性，也体现出"处于'暗环境'中，对光与实体同时进行双向的动态设计"的观念，比如，演出开始时，几束灯光准确地投射到布景和人物上面，并随着布景和人物的变化而做出相应的调整，使表演所传达的视觉信息和意境鲜明而强烈。当前一些景观照明中的"场景式"照明设计正是汲取了舞台灯光设计的要素。而展示照明，不仅体现出光与实体的对应性，还体现出光与功能的对应性。

　　从一些优秀的空间作品（Fig. 2.30）中我们可以看到光与空间之间明确而巧妙的对应关系，这种对关系既有功能上的对应，也有为了视觉表现而刻意的对应。

Fig. 2.30　光与空间界面及功能的对应

2.3.3   亮度即光照

　　作者的书房有一个东向的窗，每到下午邻楼的西山墙会把午后的阳光反射到房内，使房间充满柔和的光照，感觉甚至比上午的直射阳光更加明亮，也更加舒适。从窗口望去，邻楼的西山墙在阳光的照射下光影婆娑，成为书房美丽的对景。然而，人们习惯上有这样一个认识：只有太阳、灯管、灯泡这些自身发光的才叫光源，而实际上明亮的界面也是一种光源。从光学意义上讲，明亮的界面就是光源，因为任何有亮度［L>0］的材料表面都会发出光照。

　　然而，这是两种不同的光源，前者可称之为直接光源，后者为间接光源。这两种光源对于亮度空间的意义是截然不同的：直接光源在光环境设计中大多存在这样一个矛盾，由于表面亮度极高以至于成为眩光，成为亮度空间中的一个"畸点"，因此直接光源只能提供光照而不能参与亮度空间的构成。而间接光源自身是一种适宜的亮度，是一个美丽的"光亮"，因而可直接成为亮度空间构成的有机组成部分，使光照与亮度统一起来。

　　2000 年夏天作者设计了一栋别墅，在楼梯间应用了"间接光源"，

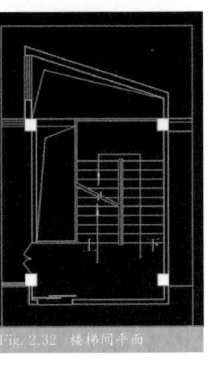

Fig. 2.31 楼梯间光影效果　　　　　　　　　　　　　　Fig. 2.32 楼梯间平面

如 Fig. 2.31、Fig. 2.32，正对着楼梯的墙面没有开窗，而是转了一个角度，与建筑主体间形成一个缝隙。阳光倾斜地照射在涂有暖色仿石漆的墙面上，形成漂亮的光影，并成为一个充足而舒适的间接光源，使室内形成明暗对比有力而层次丰富的亮度空间。

把直接光源转化为间接光源，是一种人性化的视觉设计方法。Fig. 2.31 是一个常见的设计，灯具设置在走廊吊顶的中轴线上，行走时灯光会直接照射在人的头顶，并且在地面上投下大块的阴影。在灯光的直射下，人成为视觉的焦点，空间的界面反而成为背景，这显然不是走廊应有的设计逻辑，也违反了光与实体应具有对应性的原则，从功能和效果上都是不合理的。而在另一个项目中，走廊的顶棚没有设置灯具，在两侧的墙面上间隔地布置着绘画作品。每幅画的上方挑出一盏灯具，灯光使画和周边的墙面形成光晕，沿着走廊向前看，光晕形成富于韵律的序列光亮。这些光亮不但成为行进中的景观，满足了人眼的视觉需求，而且也是间接光源，对地面和顶棚提供了光照，体现出设计对人的关怀。

把直接光源转化为间接光源，把光照与亮度构成相统一，从而把对光照的设计回归到对亮度空间的设计上来。

另一方面，对于实体，路易斯·康说："材料是消耗了的光"，我们也可以说："材料是过滤了的光。"经过透射、反射和吸收，材料把眩光过滤为舒适的亮度，把光束过滤为柔和的光晕和均匀的散射。我们可以把实体材料设计为光的"过滤器"，通过其肌理、质地、色彩、形式对光进行"消耗"——"过滤"，把无形的光转变为具有韵律、肌理和形式的宜人的光亮。所以，对实体的设计同样应该以"亮度"为出发点，把对实体材料的设计统一到对亮度空间的设计上来。

2.3.4   光的功能性与表现性

　　打开指向柱面的射灯，灯光倾斜着扫过混凝土斑驳的表面，形成动人的肌理。然而当你上前抚摸并注视着柱面的时候，眼睛却会感到不舒服（Fig. 2.33），因为，混凝土起伏的表面形成浓重的阴影，而眼睛却不由自主地要看清所有的细节，包括阴影区域。眼睛不得不在高光与阴影之间去适应强烈的亮度梯度变化，这会造成视觉疲劳。关掉射灯，打开日光灯，眼睛就舒服多了（Fig. 2.34），虽然从照片上看，它的效果远不如前者漂亮。

　　当你去看展览时也会遇到类似的情况，展厅中展品的照明全部由窄束的投光灯提供，从远处看展品的光影效果很美，而环绕它仔细观赏时，眼睛却感到疲劳（Fig. 2.35）。

　　一个有趣的现象（Fig. 2.36），照片中的展板上有一圈清晰的光环，而在现场却不会察觉到光环的存在，当时只感到光线是自然连续地褪晕的。

　　这是由于眼睛的适应性使感觉到的亮度梯度减小，从而使光环边缘变得柔和起来。而照片是光线强度在胶片上的记录，是静态的、固定的，所以不存在适应的问题。因此，我们可以欣赏照片的明暗构成效果，而现场的视觉感受却不一定如看照片那样轻松愉快。

 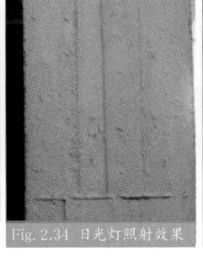 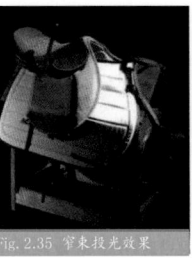 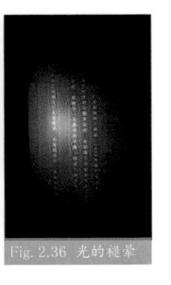

Fig. 2.33 射灯照射效果　　Fig. 2.34 日光灯照射效果　　Fig. 2.35 窄束投光效果　　Fig. 2.36 光的褪晕

　　如此说来，我们从杂志上看到的那些充满光影旋律的空间作品难道只是一种照片效果吗（Fig. 2.35）？这似乎预示着我们应该回到传统照明规范对于照明均匀性的要求上，如果是这样，那么就背离了我们的初衷。

　　视知觉理论告诉我们，人们对立体或深度的判断有两种线索：单眼线索、双眼线索（也叫眼动线索）。单眼线索主要是指空气透视，纹理的透视和遮挡等线索。双眼或眼动线索主要是指眼球的肌肉收缩所提供的知觉信息，比如晶状体曲度的调节，以及双眼视差[5]。

　　艺术家采用单眼线索在二维画布上创造具有三维立体感的图像，因此，也称单眼线索为图画线索（PICTORIAL CUES）。

　　对于近处的物体，由于双眼视差显著，晶状体曲度的调节也比较剧烈，因此双眼视觉与单眼视觉的差别是较大的。而对于远处的物体，双眼视差很小，晶状体曲度的调节比较微弱，因此双眼视觉与单眼视觉的差别不大。

　　这给我们的启发是，在照明设计中，对于远处的视野我们可以把它处理得像图画一样，明暗对比鲜明，而对于近处的物体，照度的设计应尽量均匀，减小眼动的疲劳。

　　因此，如果人们工作或学习的环境视野是具有意义的完整图形，那么，人们对于环境的感知就将是轻松而愉快的 ——"一目了然的"，从而会更加集中精力，减少视觉疲劳，增进视觉舒适度。反之，如果环境的视野是无重点的、不规则的，人们就会由于"完形压强"的作用而分散精力到环境的视野中，直至满足对于图形进行组织的需要。这样不但会增加视觉作业的干扰，也增加了视觉负担。

[5]［日］应用物理学会，光学讨论会编辑／杨雄里译，刘育民校／生理光学 科学出版社／1980.219 － 275

在工作环境的照明中，视觉作业的照明应该是均匀的，而环境照明可以是非均匀的，甚至是亮度对比强烈的，只要它能够形成有意义的、完整的图像。实验证明，这种照明模式既能够满足视觉作业的识别需要，又能够营造出美好的空间意象。

2.3.5　光照的逻辑性与心理预测

视觉认知活动不仅要建立与先前的经验的联系，而且还会由此激发出关于一系列事件的联想 —— 心理预期。一个环境中的情况若与人们的肯定的预测很符合，并能引起感情上的积极的反应，那么，这个环境就将被人们看作是亲切的、有吸引力的或是愉快的。反之，如果这个环境与人们的肯定的预测相抵触或者证实为否定的预测，于是这个环境中的情况将在感情上唤起一个消极的反应。人们会感到它是不亲切的、难看的，或不愉快的。人们对于直接接触的环境的性质，常常有意识地或无意识地进行预测。故设计者必须认识到，一个视觉环境设计的成功与否，在一定程度上取决于环境的关系和逻辑性是否能使使用者产生肯定的预测。

这种预测在人们对任何光环境的估计中，起着一个重要的作用。人们会在头脑中建立一个参考水平，我们借以估计出关于当时输入的环境的外观亮度的感觉资料。在白天，人们一般希望有比较明亮的室内环境。晚上则相反，人们希望环境不要太亮，而且即使空间中的亮度水平远比白天的相应水平为低，也不会使人感到这个空间暗，或者产生朦胧的感觉，甚至根本无法察觉这种与白天相比亮度很低的现象，因此，晚上一个点蜡烛的房间可以使人感到照得"灯火辉煌"，即使测到的亮度很低。

可以肯定的是，现代玻璃幕墙的建筑远比 Fig. 2.37 所示的作品要明亮，但是这些作品中的"黑暗"却令人感到愉快和理所当然，因为在这些作品中，建筑元素与自然光之间形成明确的逻辑关系或图式，而这种图式会促使人们形成某种预期：墙面的光影呼应了人们对于白天的时间定位和对自然光的期待，而空间中墙体与自然光的位置关系则提供了"光照和遮挡"、"明和暗"的清晰的逻辑，使空间中的黑暗成为人们预料之中的理所当然 —— 如果这些作品变得一片通亮，反倒令人不知所措了。作品中光与空间的逻辑性给人们的心理预期提供了判断的语境。

Fig. 2.37 建筑与自然光

2.3.6 光的多维性与多向性

在设计中，不提倡大功率的单一光源照明，而应采用多点多维度的分散局部照明。

日景和夜景照明的主要差别是照明的光源不同：日景靠自然光 —— 阳光和天空光照明，夜景靠人工光源 —— 灯光照明。自然光的光谱齐全恒定，显色性好，能真实地显现景观的颜色。而不同人工光源的光谱成分差别很大，显色性也各不相同，需要根据夜景照明的需要进行选择。

在视觉上，白天属于明视觉状态，夜晚则处于暗视觉状态，对于同一景观，在相同的亮度下会出现完全不同的视觉效果。

白天，周围环境是明亮的，人们可以看到建筑环境的全部。晚上，周围环境是黑暗的，人们看到的只是黑暗背景前面的被照亮的局部。

白天自然光的照射方向是自上而下，景观的光影和立体感表现为光在上，影在下，有阳面、阴面之分。而且随着时间和天气的不同有规律地变化，这是人们不能控制的。夜晚，人工光源可以根据需要设置在任何位置，光和影没有固定的图式，当然也没有阳面、阴面之分。而且灯具的品种、光色可根据景观照明的需要进行控制和调整，还可以通过光和色的层次来突出景观特征和细部造型，这是自然光无法比拟的。

夜景照明的光量（灯具的数量）、光的颜色及照明方向都可以根据景观的形态、色彩和材质等进行设计，与白天单一不变的自然光照明相比，灯光具有很强的主动性和控制性，加上夜幕的掩蔽作用，人们看到的只是最精彩的部分。因此，夜景不仅与日景不同，甚至可以具有更强的艺术表现力。

2.3.7　向光性与私密性

在一次研究过程中，实验人员在餐厅中做了一个有关照明布置对于座位选择的影响的实验。被试者可以在附近的桌子旁自由选择座位（这些桌子位于一个未照明的区域，桌子上只有从相邻区域来的散射光），也可选择较远的座位（这个区域内有令人感兴趣的和愉快的照明）。很有趣的是，大多数人宁愿选择靠近较暗部分的位置。人们倾向于选择一个使他们能面对着光线和入口的座位（不管是一个人来或是一个小组来）。接着实验人员将光线的分布作了较大的改变，这将会使座位选择的方式产生显著的变化。在这第二阶段的试验中，照明按下列方式改变：在入口对面的墙上提供墙面照明。在作了这些改变后，当被试者们走向桌子选择座位时，他们都有一种强烈的趋势争着选面对房间内部（即朝向光线）背朝着以前具有吸引力的入口的座位。有学者称这种现象为"人类的向光性"。

环境心理学关于个人空间、拥挤、私密性和领域性的研究，主要是控制理论，其中 Altman 提出边界调节机制，他认为，在日常生活里人们有时试图通过几种边界调节机制以达到个人控制。Altman 把私密性解释为"对接近自己的有选择的控制"，巧妙地将私密性、个人空间和领域性联系起来，并把私密性作为人们行动的中心。私密性意味着人们设法调整自己与别人或环境的某些方面的相互作用与往来，也就是说，人们设法控制自己对别人开放或封闭的程度。私密性的关键是"控制"。私密性所要求的"控制"更多的是一种内在感受，是"控制感"，而不仅仅是狭义的一种控制行为。

私密性不是简单地要把别人挡在门外，私密性还包括社会交往和信息的控制。在上述实验中，人们选择的位置总是使自己处于暗处而面对明亮的区域，说明人们希望能够实现对于视觉信息的控制和对于边界的内在需要，这实际上是人们追求私密性的一种表现。

在中国的园林中，很多设计手法都是让光透过墙与廊顶的缝隙或从狭窄的带形庭院上方照射在墙面上、植物上或玲珑的怪石上，而人的行进路线上的光则相对较弱。徜徉在园中，我们所感受到的那种怡然自得和安宁沉静，是否是因为满足了我们心中潜在的对于"向光性"、"控制感"和"私密性"的需要呢？

对此，我们应该思考的是，在照明设计中如何利用人们对私密性或对视觉信息控制的需要来调整空间形态和亮度分布。

2.3.8   亮度极少主义

Fig. 2.38 是作曲家斯特拉文斯基指挥他创作的管弦乐作品的精彩镜头，摄影师欧恩斯特·哈斯把人物的实体大部分隐没在黑暗之中，而只突出了能够说明人物特征的关键"光亮"，如同漫画家用简单的笔触勾画人物肖像一样。我们在用灯光塑造环境视野的空间画面时也应该如此。我们应该在"亮度空间"的设计中树立一种"亮度极少主义"的观念，从而营造出如诗如画的空间场景，使照明质量与照明节能相统一，使照明节能成为亮度空间的一种内在的、自然的属性。

Fig. 2.38 作曲家斯特拉文斯基

常见灯光分类及其特点

根据照明性质划分

局部照明　　一般照明

重点照明　　混合照明

辅助照明　　分区一般照明

一般照明

为照亮整个场所而设置的均匀照明。

局部照明

为照亮某个局部而设置的照明。

分区一般照明

对满足某一特定行为的需求，设计成不同的照度来照亮该区的一般照明。

混合照明

为同时满足不同视觉需求而由一般照明与局部照明组成的照明。

重点照明

为提高限定区域或目标的照度而设计成最小光束角的照明。

常设辅助照明

当天然光不足和不适宜时，为补充室内天然光而日常固定使用的人工照明。

局部照明

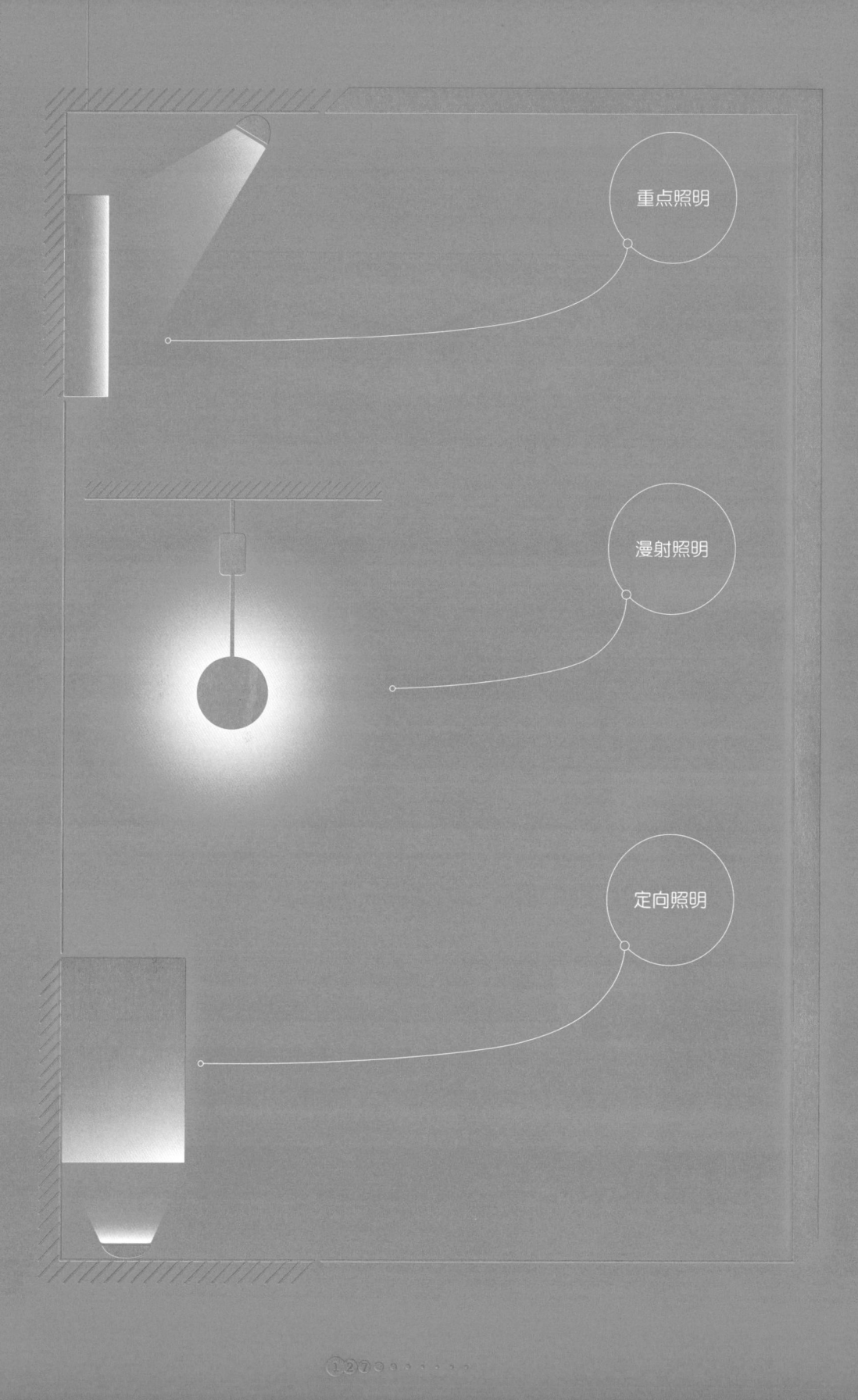

重点照明

漫射照明

定向照明

根据投光方式划分

漫反射
直接照明

直接照明

半直接照明

半间接照明

间接照明

直接照明

光通量的90％～100％部分，直接投射到工作面上的照明。

半直接照明

光通量的60％～90％部分，直接投射到工作面上的照明。

漫反射直接照明

光通量的40％～60％部分，直接投射到工作面上的照明。

半间接照明

光通量的一部分通过灯具以外的反射装置投射到工作面上的照明。

间接照明

光通量的绝大部分通过灯具以外的反射装置投射到工作面上的照明。

直接照明

间接照明

半间接照明

总论

从兼业到专业的

照明设计

每个职业照明设计师都需要思考这样的问题：我们从何而来？我们的职责是什么？我们的发展方向是什么？

　　"照明"或者"照明设计"这个术语在 20 世纪 70 年代，开始在电影拍摄和展览设计中频繁出现，在建筑领域从事照明工作的主要是电气师和照明工程师。强调视觉表现的更多的是从事剧院舞美和展览设计的人员，他们的工作主要还是以突出剧情，或呈现展品为目标。直到 20 世纪 90 年代才真正走出一批人独立地、专业地去从事光环境设计，由此照明设计的概念真正被确立起来。

　　照明设计师作为一个职业群体，是经济发展和社会文化发展的必然结果，特别是城市建设大发展的时代背景下，催生出更多的以灯光和照明为手段，进行环境美化亮化的专业团队和设计人员。由于教育发展相对滞后与时代需要，很多的从业人员来自于各种职业背景，他们在实践中通过不断探索和学习，逐步从简单的布灯，逐步形成不同的设计主张和照明风格，给城市环境和室内环境带来了丰富手段和细腻的感受要素。当然，进一步的发展与提高更需要所有从业人员具备更多的专业知识和设计经验，努力提高艺术修养，加深对建筑、室内、电气、工程等各方面知识的了解。

　　在早期，照明设计从业人员只注重功能（够亮就好）及照明器具的视觉美观。

亚洲的照明设计发展得相对较晚，而中国则更是如此。大家对于照明是什么还处于一知半解的状态。甚至在我们在中国执行的第一个项目上，竟听到甲方人员说"灯光设计不就是装装灯而已"的笑话。而在介绍照明设计这个行业时，一般人也会将其认定为就是买卖灯具、安装灯具的行业。其从业者基本上和水电工没什么不一样。而照明设计在这个阶段也就当然以考虑功能性为主了。"会亮"、"够亮"成了主要的需求。

　　中期发展为开始考虑照明空间气氛及照明器具视觉美观。

　　进入照明设计发展较蓬勃的阶段时，人们开始注意到照明设计的重要性，而让我们感受最深的是大部分高档星级酒店已经注意到照明设计这个环节，形成只要做高档的酒店室内设计，就需要搭配照明设计来完成整个项目的设计的惯例，因而照明设计的角色顿时重要起来了。与国际接轨也让国内的照明行业在技术及设计要求限制方面多了起来。如何塑造或营造空间光环境氛围成了整个室内空间设计的一大主题。室内设计师开始与照明设计师合作以期待自己的作品能靠照明来增光添彩。而灯具的视觉美观也成了空间中的一大亮点。大量的大型灯具，如水晶灯的使用，为空间增添了几分华丽的感受。

　　近期，照明设计师除考虑照明气氛的营造外，也开始考虑节能减排等问题。

　　最近几年，在照明设计趋于成熟同时也被更多人接受时，由于大量的照明器具的使用，照明设备所产生的巨大能耗也开始为人所关心与关注。在各种节能减排声浪中，如何能在效果与节能之间得到一个平衡，成为设计师思考的重点之一。各类绿色环保议题、规定甚或是绿色认证（例如 LEED 认证等）相继出台。而 LED 光源或灯具的大量出现与快速发展，使照明行业迎来了一个 LED 产品的新时代。与此同时各国也相继制定法律来禁止白炽灯泡的继续生产，正式宣告白炽灯时代的过去与 LED 时代的真正来临。

3.1 照明设计需要考虑的事情

3.1.1 设计如何启程

一个好的设计是怎么开始,又或整个设计概念是如何建立的呢? 一个好的照明设计不单单是有一个创意点,同时还要考虑到空间氛围的营造、视觉焦点的引导。而这些都需要透过严谨的照度分配与合理科学的灯具产品运用,方能成就一个优秀的照明设计作品,而其中最大的难题还在于沟通与实现的经验。

当建筑师提供了整个设计方案后,最先呈现出来的是整个建筑的基本轮廓、使用的材料等建筑特点。另外,在自然光的环境下或是阳光的照射下,整个项目也会因一天时间的转变而产生不同的面貌,这是我们对于建筑的第一印象。

虽说每个人对于所看到的事物所感受的都不尽相同,然而对于照明设计师来说,一个好的建筑能够在看过一眼后就留下很深的印象,而当建筑体回归到黑与白时,形体给人的印象将更为真切,照明设计概念也可能在很短暂的瞬间在脑海里形成而无须过度地绞尽脑汁。因此对于建筑特性的了解至关重要。照明设计师唯有彻底地了解建筑体的特性,才能更真切地感受建筑本身所要传达的意义,也才能更准确地了解建筑师的设计理念与意图,进而以他们能理解的建筑语汇来沟通整个建筑设计并发展照明设计的概念 (Fig. 3.1、Fig. 3.2)。

常常有很多人认为照明设计更像是艺术创作,殊不知照明设计的技术层面其实涵盖了整个项目更大的一部分。没有很好的技术支持基本上

无法完成一个好的作品。另外，一直以来国内由于没有普及的照明设计
教育体系，再加上照明设计一直是为照明工程服务的等因素，造成了目前
国内照明设计流程有所偏差。例如一味地夸大效果图，或是设计以灯具
作为考虑的重要依据，先考虑灯具类型（以自己公司代理或是利润最大化
的产品为优先考虑的产品），然后再套到设计里面，形成一个颠倒的设计
流程。

3.1.2　想要让人感受到的是什么

　　到底我们要利用灯光来呈现什么？要让人看到什么，感受到什么？在
彻底地了解建筑要表达的意义后，照明设计师利用自身对于建筑的体会
与敏感度，以建筑物作为载体，利用照明手法来诠释建筑体在夜晚的形
象。它可以是强化建筑体的特点，也可以颠覆建筑特点而创造出一个与
建筑体截然不同的风貌。

Fig. 3.1 在 BPI 工作时，建筑师提供给照明设计师的图片 1

Fig. 3.2 在 BPI 工作时，建筑师提供给照明设计师的图片 2

3.1.3　如何落实到实际项目上

在照明设计的概念形成后，最重要的是将想法落实到实际上。因此，需要对想要让人看到的建筑体表面的亮度（Brightness）做一个定性与定量。

或许有人会问，为何是亮度等级而不是照度等级？那是因为亮度是人们可以看到及感受到的光的强度，同样的建筑物会因建筑体表面材质、颜色、粗糙或光滑等因素而产生不一样的反射率，进而造成建筑体表面即使在相同的照度条件下却有不同的亮度，从而给人截然不同的感受。因此，在设计时是先对亮度定性与定量而不是照度。

在确认了建筑体表面亮度后，则需考虑建筑体表面反射率，进而确认建筑表面不同位置的照度。

3.1.4　如何选择所需灯具

在整个建筑被照面照度确认后，我们利用点算法，根据每个位置所需的照度，同时考虑灯具安装的位置与墙面的相互关系，推算出灯具所需的中心光强（100% candela）、水平与垂直两个不同光束角（50% candela）的大小。

有了这个参考数据后，我们将可轻易地在所有有可能的灯具资料中找到合适的配光资料，进而找到合适的灯具（Table 3.1、Table 3.2）。

Table 3.1 灯具参数表（示例）

LAMP	BEAM PATTERN	MAX CD VALUES	BEAM ANGLE 50% MAX CD(IN DEGREES)	FIELD ANGLE 10% MAX CD(IN DEGREES)	LES TYPE
			V×H	V×H	V×H
250W MH					
ED28	SP	152,600	07×14	15×35	1×3
	RN	25,300	11×74	39×92	3×5
	RM	14,100	20×74	114×114	6×6
	RW	8,700	38×76	122×123	6×6
	HPM	8,600	52×89	122×143	6×7
	HPW	7,900	63×99	108×143	6×7
400W MH					
ED28	SP	153,700	09×18	20×44	2×3
BT37	RN	38,600	12×76	67×100	4×5

Table 3.2 配光曲线图（示例）

INFRANOR SP   ITL REPORT #37431

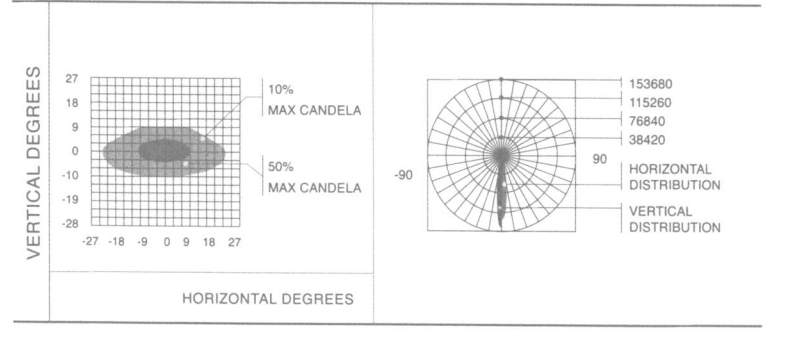

3.1.5　色温的选择

不同色温给人的感受是相对不同的，但色温高低给人的感受会因空间类型、档次，以及地域文化等因素而有差别，举例来说，一般来讲高级的酒店空间多以暖光为主，给人一种回到家的温馨感觉；而档次较低或有特殊需求的酒店则有时会选择较高的色温；对于办公空间来说，虽说暖光能给人较温馨的感受，但长时间处于这样的环境中则会使人感觉昏昏欲睡。而较高的色温（5000K 或以上），则让人觉得较有精神同时也较能提高生产力，但相反的，对于一个企业来讲，过高的色温则会让人有空间品质较差的感受。另外，不同纬度的人们则对色温也有不同的偏好。低纬度的区域，如泰国，则较喜欢高色温的灯光，因为，高色温灯光给人一种较清凉的感受；相反的，高纬度的地方例如纽约的人们，则更喜欢低色温，尤其在寒冷的冬天，白炽灯所散发出来的温暖感觉更让人不愿离开家门。

以下是苏宁的实际案例。一般去过苏宁商店或是企业总部的人都应该知道，苏宁喜欢使用高色温的光源，这与其贩卖的商品以家电、电器或高科技电子产品为主有一定关系。但在进行南京苏宁总部设计时，我们建议将色温降低一个等级，将色温定在了 4000K 的标准上。理由很简单，在前面内容中我们提到高低色温对于工作效率和空间品质的影响。我们既要保证色温由高色温降到 4000K 后对于生产力的影响，同时又希望能提高空间的光环境的品质。因此，我们选择了一个在所谓的暖光里最白的光源（有些资料将 4000K 色温界定为冷光源，但我们更倾向将 4000K 界定为最白暖光）。在项目完成后，我们咨询了相关的苏宁员工，有些人反映出来的感受是觉得空间变得舒服了，但不知道原因。作者认为我们的建议应该是有效果了。

　　由上述的例子不难看出色温受各种因素的影响不小。不管色温高与低都没有 100% 的优点或是缺点，因而选择色温也没有绝对的对与错，只有针对以上数个不同的影响因素作合理的分析与考量，才能够得到一个合适的光环境。

3.1.6　文本资料的呈现

　　作为整个项目的提交，文本资料是必不可少的，将包含照明设计概念、效果图、基本灯具形体等相关资料（Fig. 3.3、Fig. 3.4）。

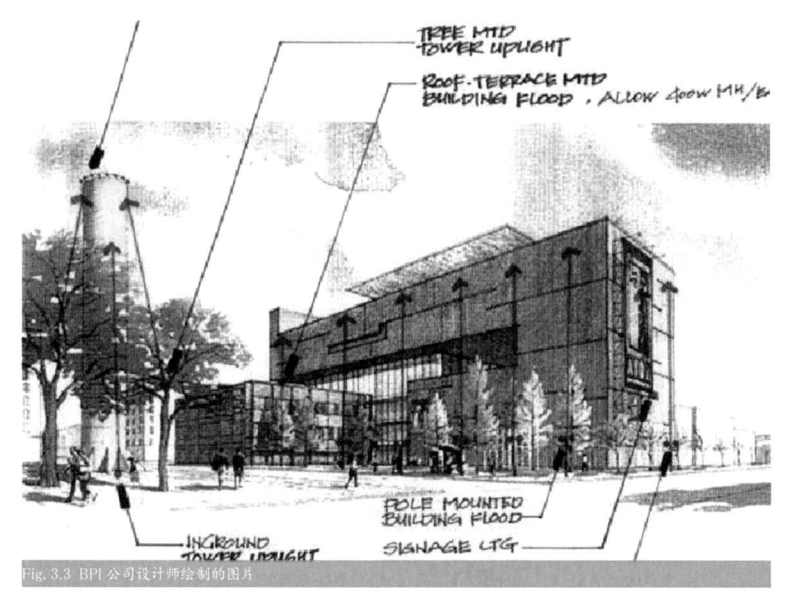

Fig. 3.3　BPI 公司设计师绘制的图片

GLASS CHANNELS ALONG ENTIRE SHAFT

ALUMINUM TRELLIS

GLASS CAFE FACADE

Δ

METAL LOUVER SYSTEM

ALUMINUM TRELLIS

70°

53°

35°

fc

@50% 96×38V

VENEER PLASTER

NEW AUTO HOTEL SOUTH FACADE — STUCCOED WITH NEW WINDOWS

NEW ALUMINUM STOREFRONT WINDOWS AT PLAZA LEVEL

ENTRY CANO

$$\alpha = 48°$$

$$1fL = \frac{x}{57^2} \quad x, 3 \times 0.65 \times .75$$

■ CB4p = 23,000

■ BEAM = 10V × ?

option 1 : 96H × 38V, 30.468

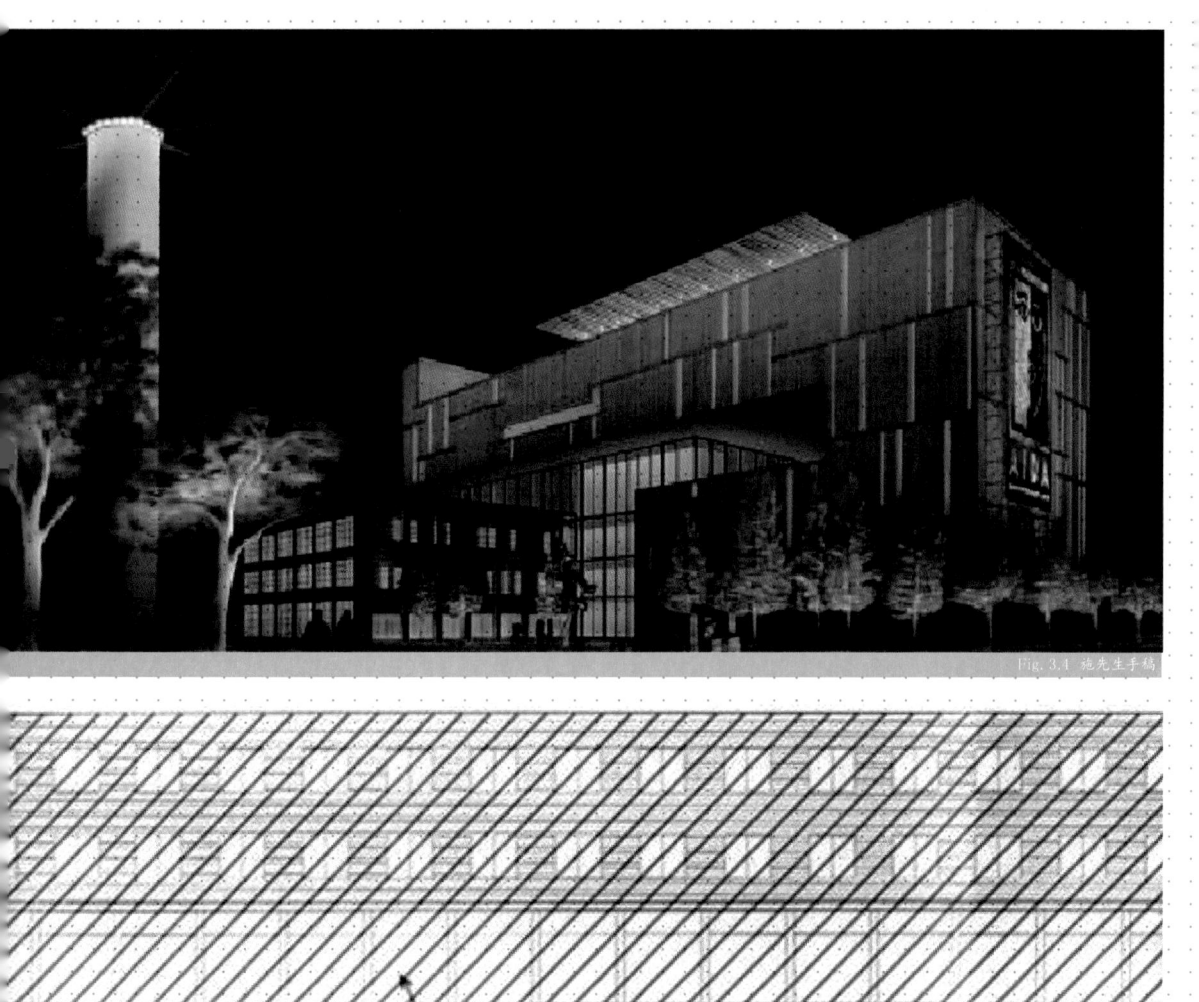

Fig. 3.4 施先生手稿

DEVELOPMENT PARCEL (N.I.C.)

$$A = \frac{30468}{572} \times .3 \times .65 \times .75 = \boxed{1.4 \, FL} \doteq 1.6$$

$$B = \frac{15234}{42'} \times .3 \times .86 \times .75 = 1.67 \, FL \doteq 1.6$$

3.2　照明设计的流程

　　室内照明的设计流程需要先考虑整体空间的氛围，考虑到哪些位置是空间的焦点，进而制定空间的主次关系与亮度、照度关系。利用灯光来强调或突出空间特点，以酒店大堂为例，利用洗墙灯、地埋灯等做法，可强调酒店大堂的主墙面，同时搭配吊灯、桌灯等前台元素以起到视觉的引导作用。而大堂大型装饰花灯除了提供一部分环境光外，同样可成为空间的一个焦点，烘托出大堂华丽的空间气氛。

　　因此，一个好的照明设计不单单是有一个创意点，同时还要考虑到空间氛围的营造、视觉焦点的引导。而这些都需要透过严谨的照度分配与合理科学的灯具产品运用，方能成就一个优秀的照明设计作品。

　　由于照明设计与室内设计紧密配合，因此在设计流程上与室内设计基本一致，可分为以下几个设计阶段：「1」概念设计阶段；「2」扩初设计阶段；「3」施工图设计阶段；「4」招标与施工管理阶段。

3.2.1　概念设计阶段

　　照明设计不应该在拿到设计图纸后就即刻进入设计阶段，应先对于整个项目的基本信息作一定的分析与理解。而根据这些相关信息与限制条件来发展整个设计的概念。

与业主的沟通

作为出资者，业主对于项目有一定的主导力。另外，大多数时候业主并非对项目有专业的管理和运作能力，因此在此情况下业主会聘用专业的管理顾问公司协助整个项目的进行与后期的运营。再加上其他业主雇用之专业的设计和施工团队，形成一个完整的项目团队。因此，在设计初期，要对于甲方或顾问公司的要求及限制条件有一定理解；同时对于其他配合的专业团队也需要理清各自的工作界面和衔接。

关照使用者

每个项目在设计初期都会依据各种客观的条件（例如：地理位置、当地生活水平、成本等因素），来设定项目的定位。而这之中最重要的当然是使用者。要确定谁来使用这个空间，进而围绕着这个主题来开展设计，以避免设计走错方向。

理解建筑体与空间特性

在开始照明设计前，必须对于建筑或所设计的空间有深入的了解。能够对于空间的体量大小、空间机能、表面材质及动线的布局等有详细分析。如空间与外界有一定的联系关系，例如大面开窗、天窗使用等，则需要分析自然光和日光对空间的影响。有了这些基本了解和分析后，设计才能够更为全面。

贴近预算

所有项目都离不开钱的考虑因素，有多少钱做多少事。如事先能够对业主整个项目或是分配到照明设计的预算有一定的了解，则在设计时就能够将成本及预算考虑进来，以避免设计超出了预算而造成需要二次设计的结果。

后期管理与维护

如果设计在进行之初就能够考虑到后期维护难易度、产品寿命、节能等成本因素，则后期管理与维护将变得简单。近年来节能议题被广泛地提出，而其中的原因除了能源越来越短缺外，节能产品更多地被开发出来且能实际运用，例如 LED 光源或灯具的采用等。

3.2.2 扩初设计阶段

扩初设计又称作设计发展阶段，也就是在概念设计的大框架中，将整个概念落实到项目图纸上去，同时对于概念设计内容根据各方意见做适度的方案调整。完成初步的灯具布置图纸，同时提供初步的灯具选择资料。如有要求则可再提供照度计算等报告书。

3.2.3 施工图设计阶段

施工图设计也可叫做招标图设计。主要是将扩初设计阶段的相关资料作更细致的考虑与重新审视图纸资料内容的正确性及合理性，最后形成一个可以供招标的图纸资料。而这各阶段提交的资料除扩初设计阶段提到的部分外，还要加上逻辑控制设计回路图与控制表及灯具设备预算。

3.2.4 招标与施工管理阶段

在整个照明设计项目从开始到完工的过程中，除了概念设计相当重要外，招标阶段也是至关重要的。只有对于设计所规范的灯具好好把控，才能将空间照明氛围掌控得更自如，也更完美。

一般来讲，灯具招投标部分，甲方更关心价格的因素，同时也是因为一般非专业的人对于灯具产品的了解相对薄弱，造成在技术部分一般人更关心看得到和摸得到的灯具形体，而对于灯具出光效果（包括眩光、光斑大小、强度等）不太重视。这也导致了最后现场灯光效果不佳的结果。因此，只有对于灯具出光效果进行严格把控，方能更精准地把控整个空间的照明效果。

当然施工过程的配合也是不容忽视的阶段。现场一般不可能会完全按照原设计来执行，这其中因素可归咎于现场结构条件限制、人为疏失所造成现场设计必须调整的结果。因此，只有现场与设计师保持良好的沟通与协调，方能控制好整体施工品质，最后有一个大家都满意的结果。

了解灯具研发，慧眼选择产品

了解灯具研发，慧眼选择 LED 产品

对于一项照明工程的选灯问题，一般需要考虑以下因素：

场所、目的、空间特点、配光要求、照度、色温、光形、光晕均匀度、功率、散热条件、维护条件、照明工程造价等。

传统灯具是功率指标与出光指标有一定的对应关系的，因此，你选择了功率指标就等于选择了光强的大小。但是，LED 不同。几大光源芯片厂家的技术路线不同，工艺手法不同，灯具厂家采购时选货成本不同，因此同样标称功率的灯具功率因数是不同的，花钱买功率不等于买到应有的光效，廉价产品可能带来实际照度不足和迅速出现的光衰现象。

如何才能让 LED 光源发出的光被有效利用

这就要从光学设计方面来谈 LED 灯具的光学结构。

传统灯具的光源是凸起，悬置在反射器腔体中央，通过反射器的抛物线设计将光源发出的光线反射到需要的方向上。反射器的设计水平，金属材料的光洁度，加工工艺的精密程度，使用过程中的灰尘氧化对精度和反射率有极大的衰减影响。

LED 灯具的一次配光主要依靠光源体上封装的透明树脂，把芯片发出的光集束成需要的出光角度。LED 光源体积小、扁平化，因此配光镜头的体积小，加工成型精度高，要求光学材料透光率在 95% 以上，并且在长时间高温下不变形、不变色。作为灯具产品的生产厂家，其开发和制造的水平主要体现在自主开发二次配光设计和总体结构上的各方面性能的指标权衡。应该说灯具产品的很多项指标是相互制约、此长彼消的，这个

问题解决了，另一个缺点就暴露出来，将光效与其他性能指标进行合理搭配，构成满足不同性价比需要的产品才是研发的关键。

目前光源的模式也分为不同模式，各个厂家的技术路线不同，于是在光源的模式上也各自不尽相同。比较受到关注的有 COB 封装芯片。COB 封装的芯片出光均匀，散热性好，运行稳定，可根据不同应用目标设计出不同光型的产品。并且具有颜色的丰富性与稳定性等优势。为了保证出光的完美和产品的稳定，极成光电在产品研发中选用的光源主要是 COB 模式，给照明的完美应用提供了更多的保证。

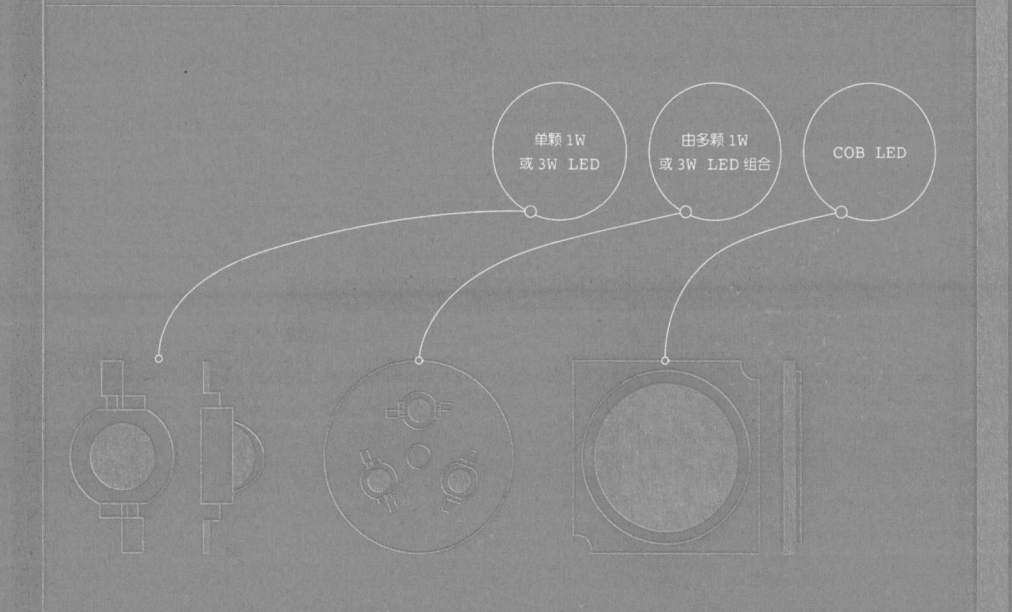

如何才能让 LED 灯具发出的光更纯净，更有型，更有力量

出于产品功率需要，LED 灯具或者使用单颗大功率的 LED 芯片，或者由多颗小功率芯片组成。同样用 LED 发光器件设计一款定向照明灯具，对于光学设计也有多种不同方式，具体如下所述。

第一种：直接用光学透镜

缺点：用大功率 COB　LED 时透镜的尺寸变大，光损失严重，由于磨砂玻璃或者扩散罩的散射特性透镜表面会产生余光，LED 光线经过散射后几乎呈水平 180°发散，最直接的影响就是防眩角几乎接近 0°，行人从很远处就感觉到眩光，使人眼睛感到不适。

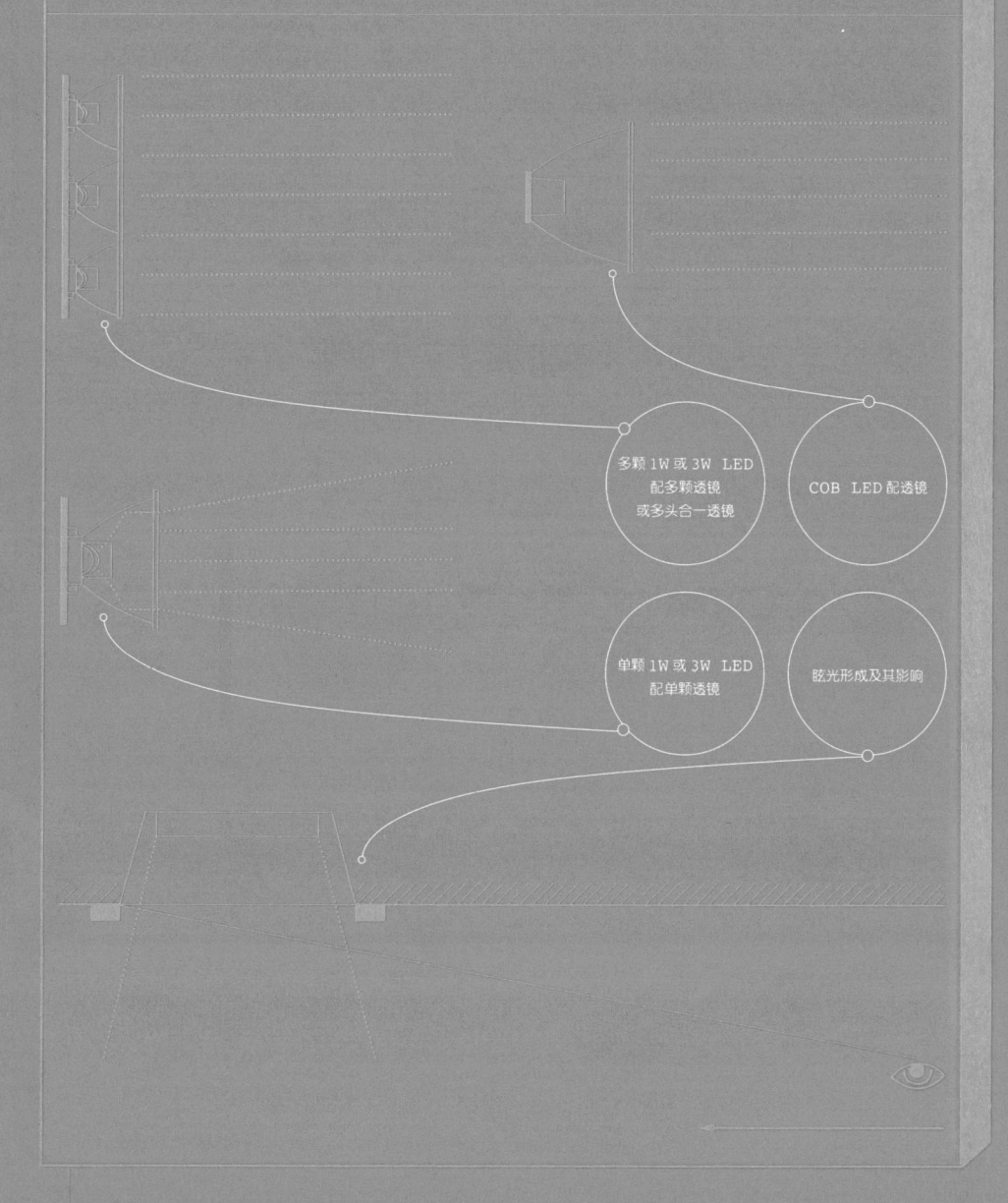

多颗 1W 或 3W LED
配多颗透镜
或多头合一透镜

COB　LED 配透镜

单颗 1W 或 3W LED
配单颗透镜

眩光形成及其影响

第二种：直接用反光杯

在 LED 光学应用中，除了应用单颗透镜和多颗透镜（或多头合一透镜），也有厂家应用 COB LED 单配反光杯，这种光学的优点是出光效率较高，眩光控制好，而且从外形上更接近于传统灯，市场接受度高，但 COB LED 单配反光杯的缺点对生产厂家来讲是很头痛的。由于发光面大，光线难于控制，大多数光线不经反光杯直接照射出去，只有少部分光线照射受到反光杯控制（下图上）。但是为了达到精准的控光效果，必须经过窄光束角的设计时，只能将反光杯加高让 LED 光源深陷（下图下），反光杯上能控制到的光线变多，但又带来新问题，光线经反射杯多次反射使得光效大打折扣，更重要的是反光杯加高，直接将灯具尺寸提高，对于一些顶棚吊顶不高的家居和商业场所而言，此类灯具将失去用武之地。

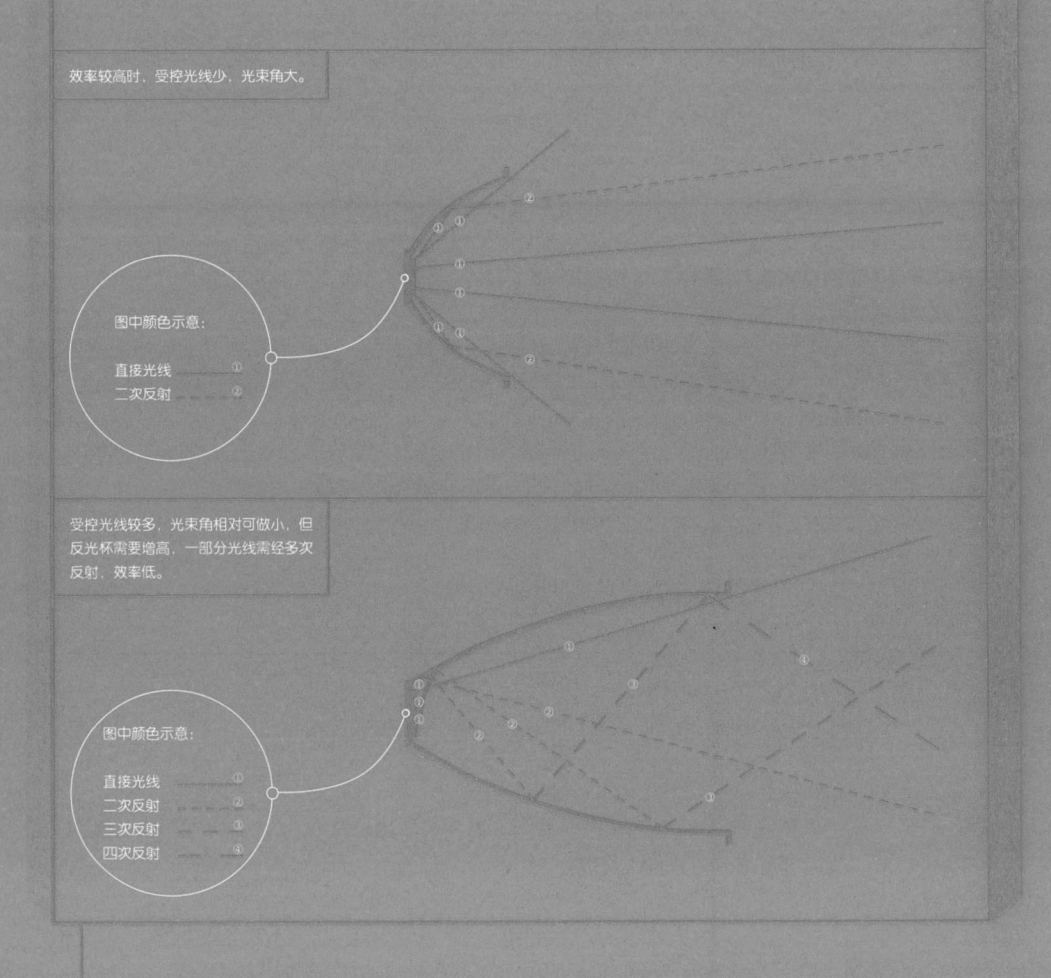

效率较高时，受控光线少，光束角大。

图中颜色示意：

直接光线 ①
二次反射 ②

受控光线较多，光束角相对可做小，但反光杯需要增高，一部分光线需经多次反射，效率低。

图中颜色示意：

直接光线 ①
二次反射 ②
三次反射 ③
四次反射 ④

第三种: Focus Reflection 光学系统

Geosheen（极成）LED 照明运用最先进的电脑模拟与分析技术，利用 LED 上面的光学透镜将 LED 的主光线直接聚光照射，又将 LED 周边的光照收集并均匀地射到反光杯上并反射来，以确保达到最佳的光照效果和眩光控制，有效地控制了光效的投射效果，避免光线照射到控制角度之外，产生不必要的眩光。精良的部件有利于达到最佳的光照效果，为了达到光学系统设计需求，精确的镜面切割由最先进的光学技术加工而成，加上 99.9% 高纯度铝合金、格纹防眩反光杯，最佳的弧度与反光面设计，让整个光学系统更完美，实现高反射率，带来最精准的塑造光的能力。

Geosheen（极成）光电的防眩 LED 顶棚灯通过创新的产品设计、精良的部件及独有的光学设计，在相同的距离时，如果不是照在地面上的光在提醒，人们几乎感觉不到灯的存在，随着脚步靠近，光边界（非眩光光点）从反光杯顶部向下移动，反光杯顶部设有扩散透镜，光线柔和舒适。

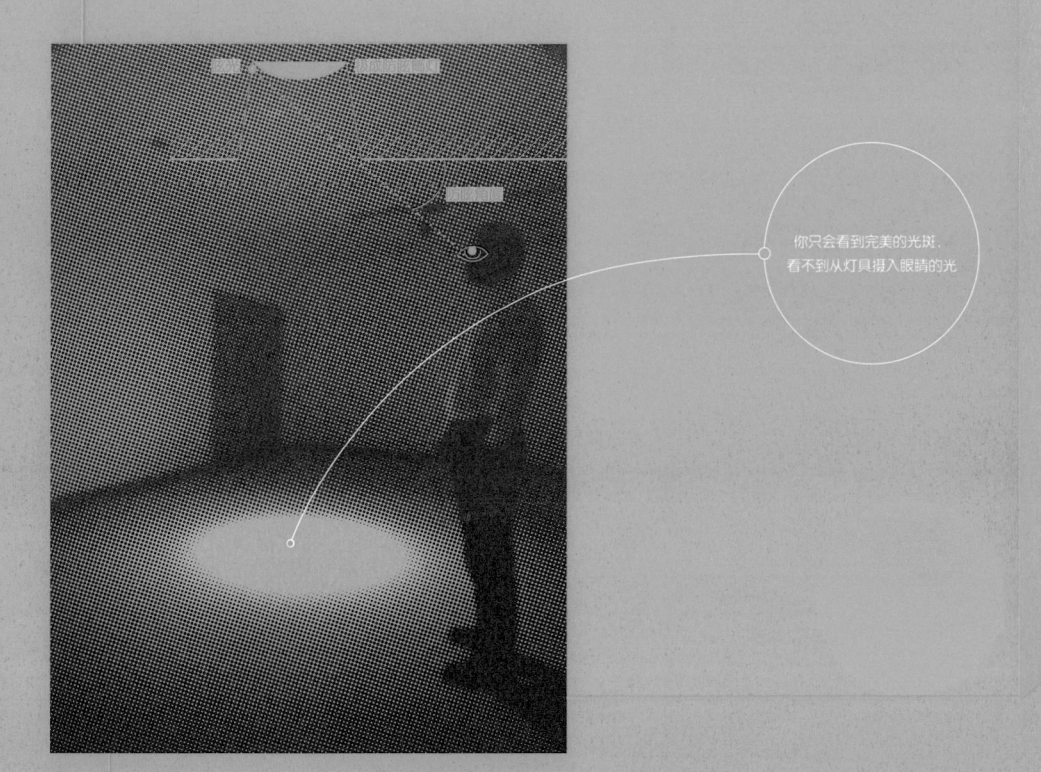

你只会看到完美的光斑，
看不到从灯具摄入眼睛的光

极成 LED 灯具投光效果

普通 LED 灯具外圈
产生明显的光圈

色温与光效

LED 光源的色温是可以定制的，厂家根据客户需要调整荧光粉的配方可以实现任何色温和色彩的 LED 光源，然而由于技术条件的限制，一般来讲高色温的光源发光效率比较高，低色温的光源发光效率较低。所以在不太讲究温馨柔和的环境中经常看到的是冷冰冰的光环境，就是为了在同样的能耗下显得更亮些。

其次，白光 LED 的发光原理有 RGB 混色而成的，也有蓝光激发荧光粉产生的，由于成本的问题，第二种方式最为常见。但是第二种方式有个蓝光溢出的问题从而引起人们对视觉伤害方面的很大关注。因此，有人提出在没有改进之前，蓝光激发型LED 是否可以应用于读书写字，这是个问题。

色彩与控制

色彩是 LED 的一大特色，五光十色，千变万化。但是要想获得非常丰富的、精细的真色彩，也就是有千万灰度级的丰富变化，需要灯具的控制系统来实现，而每个厂家出于商业的考虑，都有各自的系统方案，但是能做好的灯具，却未必能做好的控制系统。这就给设计师和业主进行选择灯具，还是选择好的控制系统的考虑时出了一道难题。

散热结构与外观

传统白炽灯的发光原理就是靠热辐射效应，发热对光源的影响不大，只是出于安全防火的需要，有散热孔通过空气流通进行散热。而 LED 光源虽然属于低热量光源，但在实际应用中芯片的电子运动还是会产生热量的，它导致的现象就是芯片结温升高。高结温对于出光效率和光源寿命的影响是致命的。有研究表明结温升高到 80°C 以上时，光源寿命会急剧下降，必须快速地将光源工作产生的热量导出，灯具的散热设计水平是灯具寿命的重要影响因素。所以，散热效率、热工组织设计与整体结构决定了灯具的使用寿命，这一切是短时间内无法感知的。就在本书的写作过程中，中国的科研人员从实验上首次观测到量子反常霍尔效应。这应该是个诺贝尔物理奖水平的发现，这个效应可能在未来电子器件中发挥特殊的作用，可用于低能耗的高速电子器件，简单说就是可以减少电子运动的发热现象，我们希望这些科技进步会早一天与照明技术相结合，造福人类。

灯具企业看不见的服务在哪里

出于成本考虑，有些厂家会用低质量的部件生产产品，使整灯的质量大打折扣，这对LED 行业的发展是一个致命的打击。为了 LED 行业的健康发展，企业首先应该从以下几个方面来考虑。

[1] 产品的设计

产品设计时从光线的利用着手，极成 LED 照明首先在光源的模式上要选择出光均匀，散热性好，运行稳定，可根据不同应用目标设计出不同光型的产品；其次是要通过科学先进的光学系统来实现高反射率，带来最精准的塑造光的能力。

产品设计时极成 LED 照明采用智能控制系统，根据环境中的变化等来自动控制照明的开关和亮度，提高用电效率，为 LED 照明高效节能的特性又增加了新筹码。

[2] 专业的服务

客户在选择厂家时通常关注的是他们的产品，对于专业的服务考虑得很少，灯光设计的专业和合理对项目最终的结果是至关重要的，极成 LED 照明拥有对产品很专业的灯光设计师完成售前和售后服务，这样出来的效果是截然不同的。

［3］成本控制

对于产品成本来讲：部件材料成本在产品成本中占有重要比例，对于高端产品，一定不是考虑如何用低价格、低质量的部件材料来控制成本，而是首先从批量采购和批量生产着眼，这是降低成本、提高效率和缩短交货周期的有效途径。

维护成本也是使用中的成本因素之一，但是很多客户在采购时都忽视运行和维护带来的问题，因此选择质量可靠、技术达标的产品是真正降低建设成本的最基本保障。

[4] 维护方便性和可修复性

在稳定性和维护方面，LED 作为长寿命的固态光源，相比传统玻壳的光源，有着得天独厚的优势，大大减少了维护率。

在产品设计时，为维护方便及热源分散以保证寿命，LED 灯具的电源大多使用外置电源。

为了更换灯具快捷方便，极成光电研发了一种灯具弹片固定结构，并申请了实用新型专利，与现有技术相比，此项技术通过弹片上的卡件与卡位上的卡孔形成卡接，实现弹片与灯体的两点固定，使受力点增加，灯具的重力得到有效分散，安全更有保证；同时可以实现快捷安装。

极成 LED 还设计了快换产品，用于方便地更换传统灯具。

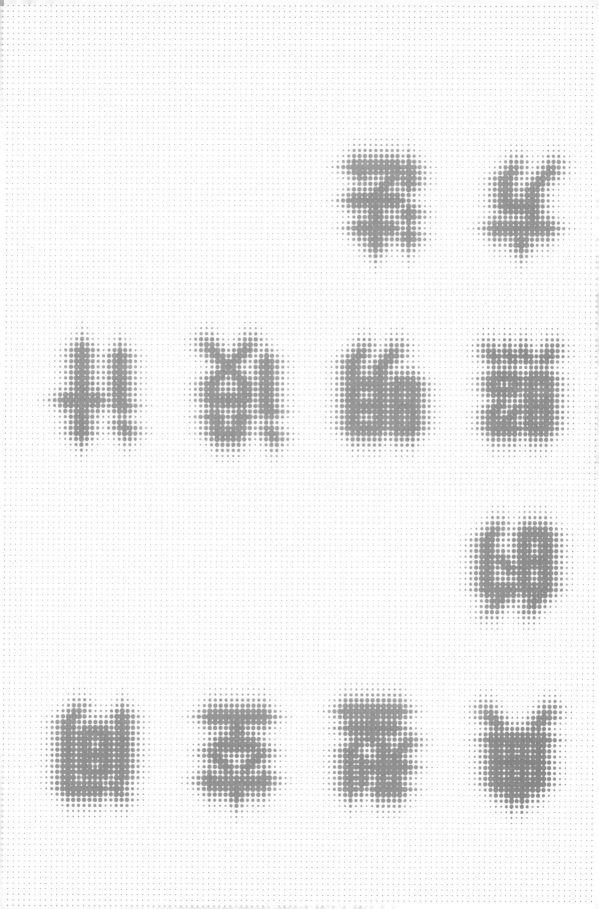

总论

空间特性与需求

不同的空间对于照明光环境的需求也不相同，不是相同的照明方式和照度要求都适用于所有的空间。举例来说，教室及开放办公室等类型以功能性照明为主的环境，在满足照度要求外也要同时兼顾整体空间的照度均匀度。而开放办公空间因大量使用电脑，对于屏幕眩光（顶棚灯具的直接光经屏幕所产生的眩光）控制则同时需要更加注意。

　　相反的，如博物馆这类的展陈空间的特点是突出展品，让所有参观者将视觉焦点放在展品上，因此如何有效地利用与控制明暗对比，则成为这类空间需要考虑的因素。当然近代的许多博物馆在考虑到展品的维护与保存外，也适度地引进了自然光，使得参观者能有不一样的视觉感受。但也因为自然光的多变性与不可控地特性，造成了在一定的时段及气候（例如傍晚及阴天）影响，而让观看者有不太舒适或是不容易看清展品的情形产生。这也就是为什么大多数的空间选择封闭的原因之一，好的光环境绝不仅仅考虑照度或是避免眩光，它同时还需要根据环境的特性和使用功能来设定和控制整个空间的氛围。

4.1　酒店空间

4.1.1　风格与定位

　　酒店根据本身地理环境、服务对象、商业策略等因素，会对酒店的定位、星级评定、风格界定等产生巨大影响。而不同的酒店管理公司也会针对以上条件来合理分配旗下所管理的酒店的品牌。例如：洲际酒店集团（IHG）旗下有洲际酒店（Intercontinental）、皇冠假日酒店（Crowne Plaza）、英迪格酒店（Hotel Indigo）、假日酒店（HolidayInn）、快捷假日酒店（HolidayInn Express）等；喜达屋酒店集团（Starwood）旗下有至尊精选（The Luxury Collection）、圣－瑞吉斯（St. Regis）、W酒店（W）、威斯汀酒店（Westin）、艾美酒店（Le Meridien）、喜来登酒店（Sheraton）、福朋酒店（Four Points）等。另外，还有万豪国际集团（Marriott）、希尔顿国际集团（Hilton）、雅高集团（Accor）、卡尔森酒店环球公司（Carlson Hotel Worldwide）等不同的酒店管理集团。他们分别管理着豪华型、度假休闲型、商务型、经济型等不同形态的酒店（Fig. 4.1）。涵盖了高、中、低各阶层不同的客源。

Fig. 4.1　各酒店 LOGO

4.1.2　空间类别之区分

　　谈到酒店则必须谈到酒店的不同空间类别。酒店会因等级或风格定位的不同，而在空间类别上会与其他酒店有出入或是增减，然而在主要的公共空间划分上则基本相同。以五星级酒店为例，除了客房层外，公共区域为最主要的对外营业空间，包含接待区域（大堂、大堂吧、休息等候区等）、餐饮休闲区域（中餐厅、西餐厅、全日餐厅、特色餐厅、红酒吧、雪茄吧等）、商务服务区域［宴会厅（多功能厅）、前厅、各类型会议室、商务中心等］、娱乐休闲区域（健身房、游泳池、SPA、公共厕所等）、交通动线区域（公共电梯厅、公共走道等）。

4.1.3　空间特点与照明考量

大堂（大堂吧、等候区等）

　　大堂作为迎接所有入住或是参与会议或婚宴活动来宾的主要空间，是所有客人首先接触到的第一个空间，也是客人对本酒店能够留下第一印象的场所。因此，酒店大堂在条件允许的情况下，高度都在 6m 以上。希望使客人感受到酒店的气势。

　　而在照明手段上，以强调空间特点和凸显空间气势与垂直装饰面为主要做法。更多的时候会在大堂主空间提供大型装饰物或装饰吊灯，作为整个空间最重要的一个视觉焦点。另外，为了让客人更方便地找到入住柜台，同时作为客人在办理入住手续等待期间的视觉接触面，室内装饰设计上会更多地强调入住柜台的背景墙面，也会加上较多的装饰手法。因此照明需要凸显此部分墙面，通常以洗墙、背透光、重点照明等手段强化此背景墙。

　　休息等候区属于大堂空间的一部分，主要提供一个休闲等待的环境。气氛上以舒适平和为主，因此，在照明手法上，仅以提供足够的环境照明为主，同时搭配桌灯、立灯等装饰灯具，让人感受到一个很舒适的氛围。根据需要和管理公司要求将照度设定在 150 ~ 300lx 左右，而整体色调则以暖色调为主，色温以 2700 ~ 3000K 为主。

　　大堂吧虽属于大堂空间的一部分，与大堂空间联通，但一般属于较独立的一个空间。主要考虑的还是以整体空间氛围为主，照度一般会维持与大堂相似或比大堂照度更低，提供一个让客人与客人之间能够交谈或休闲的环境。除了较低照度的环境光外，一般会辅以桌面的局部照明，形成每个座位区的一个焦点位置。另外，利用桌灯、立灯甚或是蜡烛，将照明的高度降低到人坐着的视觉高度内，提供一个更为温暖舒适的环境（Fig. 4.2、Fig. 4.3）。

Fig.4.2　大堂吧的照明 1

Fig.4.3　大堂吧的照明 2

餐饮休闲区（中餐厅、西餐厅、日式餐厅、特色餐厅、红酒吧、雪茄吧等）

各类型餐厅一般皆分成临点区和包间，主要的差别在于装修风格的不同。因此照明在考虑时，也是以各自风格作为主要的考虑要素，重点以提供舒适的就餐环境为主要考量。针对包间，多数会在餐桌上方设置装饰物或装饰吊灯，须考虑桌面照度，因此，除了装饰吊灯外，可增加射灯强化桌面亮度，能有效提升食物的可口度和美感，进而增进客人的食欲。

红酒吧、雪茄吧属于让客人更为放松的休闲聊天场所，在照明考虑方面可适度降低环境光与重点照明之照度，让人有置身于更为私密的环境的感觉。同时搭配桌灯、立灯、壁灯等装饰灯具，以提升整体空间的美感。

商务服务区（多功能厅、前厅、各类会议室、商务中心等）

多功能厅（宴会厅），最明显的特点在于空间使用的多变性与灵活性；空间高度一般在 6～8m 左右，同时可由一个完整的大空间，根据活动需要而拆分成 2～3 个小型的空间。在照明考量上，一般顶棚会考虑使用大型的装饰主灯，而水晶灯的使用则更为常见，使得整体空间更为大气与华丽。然而在功率的耗损上也是相当的惊人的。照度要求根据管理公司及使用需求一般可控制在 250～450lx，因此，由装饰主灯提供的环境光并无法完全满足使用上的需求，需要再加上额外的功能性灯具来补足剩余一般的环境光的需求。除此之外，主席台（舞台）作为整个空间中的视觉焦点，一般会强化其背景墙的装饰效果，而此部分也成为照明强调的重点。其他各向的墙面则可搭配大型装饰壁灯，来增加墙面的丰富性。

　　会议室需满足其最基本的会议功能，提供足够的水平照度，同时可适度地提高墙面的亮度。以上两大区域由于使用的多变性，在照明上也需满足不同活动的需要，因此在照明控制部分相较于其他空间来得更为重要，选择合适的控制设备至关重要。

娱乐功能区（游泳池、健身房、SPA、卫生间等）

　　游泳池作为运动与休闲的主要空间，除了基本的安全需求外，装饰设计更想营造一个舒适和浪漫的活动区域，因此，透过造型与照明的搭配，在墙面和顶棚部分强化其视觉效果。泳池部分则在水下灯的搭配下，一方面满足安全考虑，另外一方面也形成另一种不一样的活动氛围。

　　此区为极度潮湿的空间，基于安全考量，所有的灯具设备应为低压产品；另外，基于维护难度的考量，在灯具选择上应考虑水气对灯具造成的损害，同时考虑采用寿命长的灯具及光源，而泳池正上方则以免维护（例如：光纤）或寿命长的灯具设备（例如：LED 灯）为主。

　　SPA 一般需要营造非常舒适的空间氛围，整体环境照度控制在较低的范围内，不宜过亮。整体空间以暖色光为主基调。

　　健身房一般考虑采用均匀的环境光，同时需满足一定的照度要求。

　　卫生间相较于所有其他空间来讲似乎较为不被重视，但其使用功能在一定程度上却相当的重要，尤其是在女厕洗脸台及补妆台，照明设计除了考虑台面照度外，还应因避免只有上方来的光造成脸部阴影，进而无法看清整体脸部轮廓。应更强化垂直照度，增加环境光对脸部照度的补充，可以壁灯、吊灯或灯槽等形式来呈现。

Fig. 4.4 多功能区的场景

交通动线区（公共电梯厅、公共走道）

　　走道、电动手扶梯、电梯等作为各个空间串联的角色，主要以满足基本照度为主，但考虑到顶棚的单调性，可辅以造型灯槽或在通道连通位置增加装饰灯具。

　　电梯厅作为上下各楼层的联络位置，会有一定的停留时间。除考虑顶棚的造型的照明外，可强化垂直面和艺术品，使其成为空间的视觉焦点。

Fig. 4.5 具有特定功能的小尺度空间 1

Fig. 4.6 具有特定功能的小尺度空间 2

4.1.4 各功能区照度要求

目前各家管理公司对于照度要求不尽相同，以下为洲际酒店管理集团（Table 4.2）及万豪酒店管理集团（Table 4.3）的一部分照度要求参考。另外，国内建筑照明设计标准 GB50034-2004 也针对酒店部分提出了建议资料（Table 4.1）。

Table 4.1 旅馆建筑照明标准值

房间或场所		参考平面及其高度	照度标准值（lx）	UGR	Ra
客房	一般活动区	0.75m 水平面	75	—	80
	床头	0.75m 水平面	150	—	80
	写字台	台面	300	—	80
	卫生间	0.75m 水平面	150	—	80
中餐厅		0.75m 水平面	200	22	80
西餐厅、酒吧间、咖啡厅		实际工作面	100	—	80
多功能厅		0.75m 水平面	300	22	80
门厅、总服务台		地面	300	—	80
休息厅		地面	200	22	80
客房层走廊		地面	50	—	80
厨房		台面	200	—	80
洗衣房		0.75m 水平面	200	—	80

Table 4.2 洲际酒店管理公司资料（K. Table 15C-1-Lighting Criteria）

Module NO.	Space	Watts/ SM(SF)	Min. Lux(FC) Main-tained	Switch	Lighting Type		Remarks:Provide the following equipment and fixtures
					Incand	Fluor	
1	Site areas-general		11(1)				Generally,applies to walks,driveways,parking lots,service areas,steps and ramps.
	Pathways		11(1)	T			
	Walkways		11(1)	T/**			
	Parking lot		11(1)	T			Photocell and timeclock. Typically,HID light sources.
	Parking Building		54(5)	ND			Vehicle traffic routes
	Parking Bldg-general		11(1)	ND			Minimum-general areas in building
	Land-scaping		22(2)	T			Protected by GFI. Photocell and time clock.
	Flag Poles		54(5)	T			Photoce and time clock.
	Building Exterior		215(20)	T/**			Photoce and time clock. HID light sources.
	Porte Cochere		161(15)	T	X	X	Photoce and time clock.HID for large areas.Wall washing. sparkle or accent lighting.
2	Entry	43	161(15)	S/**	X	X	Same at Entry Canopy
	Entrance/Lobby	43	161(15)	S/**	X	X	4-scene preset remote dimmer with panel at Fromt Desk.
	Open Stair		310(30)	ND	X	X	Feature stairway and other heavy use stairs.
	Front Desk		310(30)	S/**	X		
	Luggage Room		269(25)	S		X	
	Public Toilets	22(2)	215(20)	ND	X	X	
	Vanities	22(2)	310(30)	ND	X	X	Above Toilet Room vanities.
	Business Center		430(40) 161(15)	S	X	X	Provide varied lighting levels appropriate to task-work areas vs. lounge area.
3	Restau-rants	65(6)	215(20)	S/**	X	X	Low voltage and adjustable accent lighting may be used. Four scene preset dimmer. Include control panel at Main Cashier.
	Lobby Lounge	54(6)	161(15)	S/**	X	X	Four scene preset dimmer. Include control panel at Beverage Bar.
	Specialty Restau-rants	54(5)	215(20)	S/**	X	X	Low voltage and adjustable accent lighting may be used. Four scene preset dimmer. Include control panel at Maitre'd Stand.
4	Entertain- ment Lounge	54(6)	215(20)	ML/**	X		Four scene preset dimmer with panel at Bar.
	Exercise Room	22(2)	269/538(25/50)	S/**	X	X	Recessed fixtures with warm white lamps,shielded from below.
	Spa	22(2)	269/538(25/50)	S	X	X	Provide individual dimmer controls in each Treatment Room.
	Pool	32(3)	151/538(15/50)	ND	X	X	Underwater Pool lamps min 500 W on GFI and emergency power.
	Outdoor Rec.		22(2)	ND			Typically,HID light sources.
	Indoor Rec.		Varies	S/**	X	X	

Table 4.3 万豪酒店管理公司资料（办公建筑照明标准值）

Area 区域	照明亮度（lx）	配合类型	瓦特／平方米（最大）
宴会厅	270	I/CF	40* 号
展示厅	500	I/F/HID	50* 号
集合场所	400	I/CF	40* 号
主要入口大厅	150	I/CF	30*
大厅	100	I/CF	20*
餐厅	200	I/CF	20* 号
风味餐厅	200	I/CF	20* 号
会议室	270	I/CF	40* 号
咖啡厅	200	I/CF	20* 号
休闲室	150	I/CF	15* 号
夜总会	150	I/CF	30* 号
鸡尾酒吧	200	I/CF	20* 号
酒吧间	200	I/CF	20* 号
公共走廊	150	CF	15*
客人走廊	100	CF	10*
服务走廊	100	F	10
前庭	200	I/CF	30* 号
前台	300	I/CF	30* 号
办公室	400	F	15
厨房	300	F	15
洗衣房工作区	300	F	15
衣帽间	500	F	20
客服服务区域	300	F	15
车间	300	F	15
检修室	300	F	15
机器房	200	F	15
员工更衣室	200	F	15
储藏室	100	F	10
商铺	分开的装备		50 号
总机房	300	F	15
pe 洗室（公共）	150	I/F/HID	10

4.1.5　常用灯具及光源

　　酒店照明一般可分为功能性照明(拿来用的)和非功能性照明(拿来看的)。所谓"拿来用的"是以满足功能需求为主,例如墙面洗墙灯将背景墙洗亮(Fig. 4.7),提供墙面或空间艺术品的局部照明(Fig. 4.8),提供工作台面基本照明(Fig. 4.11)。所谓"拿来看的"则是所有的装饰灯具,例如大堂或宴会厅的装饰吊灯(Fig. 4.9),墙面壁灯(Fig. 4.10),各区域桌灯与立灯(Fig. 4.12)等。

Fig. 4.7　照明方式与灯具形式示例 1

Fig. 4.8　照明方式与灯具形式示例 2

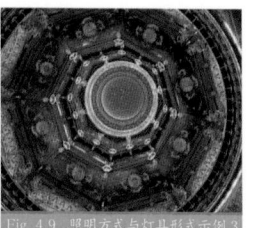
Fig. 4.9　照明方式与灯具形式示例 3

Fig. 4.10　照明方式与灯具形式示例 4

Fig. 4.11　照明方式与灯具形式示例 5

Fig. 4.12　照明方式与灯具形式示例 6

4.1.6 LED光源与传统光源使用上之区别

　　酒店一直以来都是以效果为主要导向，因此对于光源的选择多以白炽灯类型的光源为主，例如 MR16、PAR30、PAR38、QR111、QT、蜡烛灯及普泡等类型光源。此类型光源以暖光及全光谱为其特点，对被照物的色彩还原度最高，给人一种温馨的氛围。而另外的原因也可能是因为此类光源最早被发明出来，也最早被运用到大部分空间。因此，到目前的酒店照明还是占了主要的一部分。当然除了这部分以外，还有线型光源的使用，例如在发光灯箱、顶棚灯槽等位置。光源则由较早的氙气灯串灯（Xenon Strip）、荧光灯管、冷阴极管等光源组成。

　　近年来几家光源大厂生产出来的 LED 光源都有意地朝向直接替代传统光源的方向来操作，例如 9.5W LED 灯泡替代 60W 白炽灯泡，10W LED 灯杯替换 50W 卤钨灯杯，18W LED PAR 灯替代 120W PAR 38 卤钨灯（Fig. 4.13、Fig. 4.14，以奥的亮为参考依据）等，看中的正是原有采用传统光源的场所的广大市场。而这一切都须要归功于白光 LED 的技术发展快速。它除了色温多以外，同时也包含了能耗小、寿命长及较传统光源发热量低等特点。但也由于此类光源发展还没到最完整的阶段，相较于传统光源，LED 目前还存在一定的局限性。例如大功率光源调光能力较差。而此部分对于酒店来讲则至关重要。

　　目前在酒店的次要空间、客房走道、客房等部分，LED 光源基本上与传统光源使用上没有任何差别。而对于此类功率较低的 LED 光源也开始赋予调光功能，因此可以说与传统光源的效果不相上下。若要严格做出区别的话，则对于纯白的空间，可以感受到 LED 光源的锐利度和色彩饱和度相对较传统白炽光源要差些，例如客房的床上及枕头上方阅读灯的照射。除此之外，由于其他空间材质及颜色的存在，两者在效果上并没有较大的差距。目前真正存在问题的则是在高空间和需要频繁调光的空间，例如宴会厅、大堂等空间。由于此类型空间需要的光通量相对要高不少，目前 LED 光源已接近可用的阶段，但可惜的是在调光部分则相对较稀缺，稳定性也较不足，因此，此部分空间目前还不适合全面地替换成 LED 光源。另外一类的 LED 光源则是线型 LED 光源，它也是酒店照明里被大量使用的一个光源类型。由于其小尺寸的特点，对于较小的安装空间就体现了其小尺寸的优势，顶棚灯槽在无法做到最合理的大小的前提下，尽可能地争取到了更好的尺寸。再加上节能及低热量等因素，线型 LED 灯已大量地取代了早先常用的氙气灯、荧光灯及冷阴极管等光源而成为灯槽光源主要的选择。而对于面发光的做法，例如发光灯箱、发光膜结构则体现了其寿命长的特点，光源的更换率明显降低。但线型光源由于品管等因素，常常出现两批 LED 会有色温、亮度不统一及色偏的问题。这点还需要各厂家再下功夫。

这几年各家酒店管理公司对于节能减排的考量是不遗余力的，也一直在尝试大量地更新已运营项目的光源为 LED 光源。但由于以上提及的几个因素，更换为 LED 光源后确实有些问题产生，举例说明，上海铜川路的万丽酒店将酒店大部分的空间都做了 LED 光源的替换。在客房走道，由于墙面木饰面材质及地面地毯颜色，我们基本感受不到 LED 光源与传统光源的差别，但到了客房里，明显感觉床上较为暗淡，并有一点点闷的感觉。大堂同样做了 LED 光源的更换，但由于顶棚较高，必须使用功率较大的 LED 光源，无法调光成为空间的致命伤，到了半夜 1 点，整个大堂吧完全无法将灯光调暗，形成一个没有时间场景变化的空间；相对的，控制系统在此部分也失去了原有的功能。

Fig. 4.13 LED 灯具对传统灯具的模仿与替代 1

Fig. 4.14 LED 灯具对传统灯具的模仿与替代 2

4.1.7　酒店照明设计的切入点

　　以上描述的酒店照明设计要点是作为酒店照明设计的依循方向，但对于不少的照明设计初学者或是一般的酒店相关设计人员在面对如此大体量的室内空间的时候，还是有无所适从的感觉。怎么着手开始设计成为一个难题。

　　我们常说的，在进行酒店照明设计时，有超过一半的时间不是在做照明设计，而是在沟通和了解整个室内设计的意图及了解酒店的特点与文化、功能分区。试想，如果我们连酒店要的氛围是什么，还有什么样的空间使用需求都不清楚的话，又如何能开始进行所谓的设计呢。因此，深入地了解室内设计意图和沟通使用需求是照明设计开始前的最重要的准备工作。

　　而当我们开始进入设计阶段时，作者常常看到设计师拿着顶棚和平面两张图纸就开始设计了，而更多时候是照着室内设计师已画好的点位一点不变地布置灯具上去。没有去思考室内设计师的意图，更没有很好地以照明设计的角度来思考所有灯的布置。甚至是采取棋盘式格子的布灯方式，而主要的原因就是"怕不够亮"。这种做法仅能满足照度等基本需求，对于气氛的营造远远不够。

　　那么该如何开始呢？第一步当然需要全盘地了解图纸和设计。其内容包含了平面、顶棚、立面、节点和效果图。平面、顶棚和立面是最能反映空间架构的情况，而效果图则更真实地呈现空间氛围、色彩和材质。一般设计师在设计时最常考虑的通常只有顶棚和平面，没有立面照样可以做设计。当然这和室内设计师设计图纸提交顺序也有一定的关系，因而造成照明设计师一般都只有平面、顶棚和效果图就直接进入设计阶段了。但这并不意味设计的时候就不用管立面了。必要时我们需要透过与设计师直接沟通或由其提供简单的手绘稿资料来进一步了解立面的情况。

　　也许有人会问，为何要这么强调立面图的重要性呢？那是因为人的视觉焦点一般落在垂直面上，而对于一个像大堂这样较空旷的空间，除了顶棚大型的装饰灯具产生的视觉焦点外，垂直面，一般指的也就是墙面的明亮程度直接影响了人们对于空间亮度的感受。另外，透过对不同垂直面的亮度分级及照明方式，也可使得特定的垂直面成为视觉焦点，例如大堂前台的背景墙。

　　那么在这一切都考虑了之后，一定要对所有与照明有关的节点进一步核实与考虑。举个例来说，室内设计师往往希望顶棚越高越好，也因此当顶棚需要做灯槽的时候, 室内设计师往往留给照明的实际灯槽高度只有200mm, 扣掉结构及挡板厚度, 一般剩下150mm以内的出光开口, 虽说出光没问题, 也有一定的效果, 但毕竟不是最好的。更别说那些小于100mm的灯槽了。当然节点要考虑的不只是这单一一个问题, 因此, 在设计过程中一定要很细心地核实所有节点的可能性, 避免出现与室内设计有相当差距的节点需求。

除了了解这些图纸外, 作者认为尊重设计是相当重要的。照明设计不是单一的艺术创作, 它是有限制的艺术创作, 需要在室内设计的基础上来创作, 包含与建筑空间柱子、墙面、顶棚造型、顶棚设备位置等的和谐位置关系。避免出现照明做照明的, 而室内设计做室内设计的情形。

当然, 最后相关技术的搭配也至关重要。曾经有位设计师告诉作者, 他对整个项目的照明效果负责, 但灯具选型则由电器工程师来负责。作者反问"你怎么知道电器工程师选择的照明设备是正确且合理的?"设计师回答:"相信他!"这或许看似一个笑话, 但却真实且大量地存在照明设计行业里。试想如果你都无法知道电器工程师选择的产品的具体效果, 你又如何能对效果负责? 因此, 照明设计师应能做到独立挑选合适的照明设备, 理解不同灯型、光源、角度、功率在不同空间中的效果的差别。最后辅以精确的照度计算来核实设计的正确性。

4.2　办公空间

4.2.1　风格与定位

　　办公室由于公司所属之行业及面对客户和生意伙伴需要建立的印象等因素会产生不同的空间风格，一般来讲大部分的开放办公区办公家具排布和风格都相对比较规整与方正，希望给人带来稳重可信任的感觉，但相对来说也较利于管理。但随着时间的推移及工作内容的变化，人们对于办公室的概念也在改变，很多企业开始打破之前规整的空间分割，尤其是在一些比较注重团队，各团队之间又相互独立自由的技术性公司，更喜欢用一些相互独立而又和谐统一的岛区和群组对空间进行分割。而在一些强调创意的设计公司，例如 Yahoo、google、Microsoft 等公司，不仅希望其空间能时尚前卫、强调个性，更希望通过多变的空间给员工带来更多元化的灵感，因此会打破常规地把办公室塑造成非常个性化的空间，例如旅馆客房、餐厅就餐区，甚至如户外野营等如同电影场景般风格迥异的个性空间，目的就是希望员工能在更自由、更舒适的环境中更能发挥自我的专长，全心投入工作。 而以上根据企业理念不同所产生的空间特点，都直接影响了照明设计的概念（Fig. 4.15、Fig. 4.16）。

Fig. 4.15　有别于传统概念的办公室空间 1

Fig. 4.16　有别于传统概念的办公室空间 2

4.2.2　空间类别之区分

　　办公空间虽说会因其风格、定位及管理方式等的不同而有一定差别，但主要的空间类型大致是相同的，一般会包括接待区域（前台、等候区等）、开放办公区、独立办公室、会议室、公共卫生间等区域。

4.2.3　空间特点与照明考量

接待区域（前台、 等候区等）

　　前台不仅是一个公司的门面，还起着沟通外部与内部，并且让来访者能在第一时间对这个公司留下最深刻的印象的作用。而前台作为整个空间最重要的主体，大部分公司都会重视此区域的设计，尤其是背景墙的设计更会以颜色、材质或其他方式来突出公司的 logo，甚至尽可能在一定程度上表达公司的特点或者理念。除此之外也会包含等候区域，使来访者能有一个舒适的等待空间，甚至可以在此进行简单的洽谈或是会议，以避免办公区域的私密性受到太多干扰。

　　在照明手法上，整个接待空间的氛围掌控是第一要务，它不应只考虑照度是否足够甚或只在乎够亮。先考虑整个空间的环境光的塑造，应兼顾公司的风格与整体氛围来营造这样一个空间，同时对于等待区域尽可能地提供一个较舒适的等待环境。有了以上的环境光塑造之后，我们再来考虑背景墙的垂直照明。继而考虑前台的桌面照明，以满足基本的功能性照明，同时便于前台工作及与来访者进行交流为主。当然除了使

用一般功能性灯具外，也可使用装饰性灯具（例如吊灯）作为前台的基础
照明，既可满足功能需求，又起到了装饰作用。最后再考虑等候区的照
明。整个接待空间按亮度等级依序是前台背景墙最亮，前台次之，而等
待区的亮度最低（Fig. 4.17、Fig. 4.18）。

Fig. 4.17 等候区照明

Fig. 4.18 前台照明

开放办公区

　　此空间面积最大，同时聚集的人也最多，员工座位呈阵列分布或群组分布，"U"字形分布等多种分布形式。如何为员工营造一个既舒适，同时又能保持工作效率的光环境，成为设计的主要目标。考虑的主要要素以照度和色温为第一要素。高档办公室的照度标准是500lx（参照建筑照明设计标准 GB50034 - 2004），而北美照明学会（IESNA）在新版的标准则将空间和行为分得更为细致，平均照度要求在 300 ~ 500lx 左右。整体桌面照度应力求均匀，但并非整个开放办公区都应达到照度均匀的要求，可依据设计需求使每个桌面群组照度均匀，而群组织间的通道部分则可略低于桌面，这么做也同时可达到一定节能的效果。另一个考虑的重点则是色温的选择。一般来讲，色温较高的光环境可以让人能较长时间保有工作效率，而较低的色温则容易给人舒适的感觉，当然伴随着的则是容易产生倦怠感，甚至是想睡觉的感觉。此外，地理位置和文化也会对色温的选择起到一定的作用。目前对于办公区域的色温选择，我们建议以4000K为主，它既保有高色温的效率，又同时保有低色温的舒适感。

　　在目前能源越来越稀缺的态势下，对节能减排及绿色建筑的呼声越来越高，各种节能标准（例如 LEED）也相继出台，因此，一方面我们在照明设计中考虑了功率密度（Light Power Density，简称 LPD）的要求，另一方面也要考虑如何最大限度地利用自然光，办公区的灯具部分不再只是按工作区域来分配开关，同时会考虑靠窗户的几排灯具可以采取单独回路，同时搭配日光感应设备（Daylight sensor）的方式进行控制。当感应器感应到照度过低或过高时，能及时地将灯具打开或关闭，甚或是调整亮度。随着科技进步，已经有越来越多的新的节能方法被采用，但在实际设计中还是要综合考虑，避免盲目地为了节能而节能，反而造成不必要的浪费。

在现代社会，电脑已成为办公室不可缺少的一部分，于是在传统办公室中伏案办公的状况越来越少，取而代之的是面对电脑屏幕敲打键盘，因而电脑屏幕反光和眩光也成为照明设计的重点考虑之一，在灯具选择方面可以间接照明的灯具为主，或是采用遮光角度较好的格栅灯（Fig. 4.19、Fig. 4.20）。

Fig. 4.19 办公区的灯具选择

Fig. 4.20 杭州乐空办公室

独立 / 专属办公空间

　　这类空间一般作为主管或是领导的独立办公区域，除了基本照度外，可以考虑装饰灯具或顶棚造型，以营造较为舒适的气氛。色温可以选择 4000K，甚至是 3000K 的暖白光，但这部分应与业主及设计师作充分沟通，同时也需要考虑办公空间材料和颜色的使用，避免出现色温过暖或过冷的情形而影响到使用者的工作情绪（Fig. 4.21）。

Fig. 4.21　高级别管理人员办公环境

会议室

会议室按照功能可分为讨论型和汇报型两种类型，以讨论为主的会议室一般较小，多为 3～4 人的环境，因此照明以提供桌面足够照度为主，可同时搭配装饰吊灯或灯槽以丰富环境感，当然最简单则可为格栅灯或是节能灯具。而汇报型的会议室也就是一般常见的中大型会议室，空间的使用行为变化较多，包含了讨论、汇报，而汇报则伴随着投影屏的使用。因此照明除了考虑桌面照度外，同时需要考虑灯具回路的分配。在投影屏附近的灯具需要单独回路控制，而桌面照明则建议提供调光功能，可在投影汇报方案时为聆听者提供最基本的书写记录功能，同时也不至于造成因太亮的光环而境影响了投影的效果。建议搭配使用控制系统，以得到较大的控制需求。在色温的使用方面则可考虑 4000～3000K（Fig. 4.22、Fig. 4.23）。

Fig. 4.22 会议空间的照明

Fig. 4.23 具有多功能性的会议空间

休息区及公共卫生间

　　休息区域常见的为茶水供应和复印机使用结合，对于照度没有过多的要求，但不建议过高。另外目前不少大公司都有独立的休息区，主要是让员工能够真正地放松，光环境以温馨舒适为主，不需特别高的照度。灯具选择则可考虑装饰性较强的灯具（Fig. 4.24、Fig. 4.25、Fig. 4.27）。

　　公共卫生间也慢慢被人重视，除了常见的标准公共厕所做法外，不少个性化的设计出现，例如色彩的搭配、齐全的用具提供等，让使用的人能够更为放松。因此照明不再以功能照明为满足，同时开始考虑氛围的营造，具体还要搭配设计师的设计来发挥（Fig. 4.26）。

图 4.25 通过光线地铺和墙面区分空间色彩

图 127 多功能厅局部灯光效果

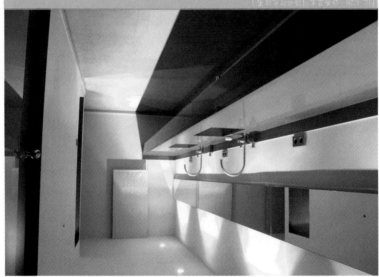

图 128 多功能厅局部灯光效果

4.2.4　各功能区照度要求

　　国内建筑照明设计标准GB50034 – 2004也对办公空间照度有一定的要求（Table 4.4）。而北美照明学会（IESNA），在其最新版 *The Lighting Handbook*（*Tenth Edition*）也对于相关空间提出了照度的要求（Table 4.5）。

Table 4.4　办公建筑照明标准值

房间或场所	参考平面及其高度	照度标准值（lx）	UGR	Ra
普通办公室	0.75m 水平面	300	19	80
高档办公室	0.75m 水平面	500	19	80
会议室	0.75m 水平面	300	19	80
接待台、前台	0.75m 水平面	300	—	80
营业厅	0.75m 水平面	300	22	80
设计室	实际工作面	500	19	80
文件整理、复印、发行室	0.75m 水平面	300	—	80
资料、档案室	0.75m 水平面	200	—	80

Table 4.5　北美照明学会在 *The Lighting Handbook*(*Tenth Edition*) 中对办公空间提出的照度要求

Applications and Tasks		Notes	Recommended Maintained Illuminance Targets(lux)[b,c,d]						
			Horizontal(E_h) Targets Visual Ages of Observers(yesrs) where at least half are			Vertical(E_h) Targets Visual Ages of Observers(yesrs) where at least half are			
			<25	25-65	>65	<25	25-65	>65	
CONFERENCING		(Meeting continued)	▼ Category		▼ Gauge	▼ Category		▼ Gauge	
Presentation									
Formal speaking									
AV		E_h @2'6";E_v@4'AFF	1	15	30	60 Avg	1	15	30	60 Max
Non-AV	Presentation surfaces	Vertical poster boards, presentation boards,tack surfaces				M	50	100	200 Avg
	Reports, handouts	See READING AND WRITING,establish tasks and normalize to illuminance of most important task or most common task;use controls to provide illuminance variability if tasks so demand.							
White boards									
Analog or Digital									
	Reading (presentation)	Interactive use as part of formal presentation	P	150	300	600 Avg			
Presenter		At fixed presentation podium or position							
	Face	E_v@5'AFF E_h				Avg≥1 times but ≤3 times audience task			
	Task surface	E_h @3'6"AFF Avg≥1 times but ≤3 times audience task E_h							
Telepresence		See CONFERENCING/Video Conferencing							
Video Conferencing		Coordinate lighting criteria with camera and display requirements.Where camera and display technologies permit criteria lower than reported here,use the lower criteria to reduce visual fatigue and discomfort common under relatively high vertical illuminances over long durations of sedentary activity.Address critena citations for table and wall reflectabces.See IES DG-17Fundamentals of Lighting for Videoconferencing for additional information.							

4.2.5 常用灯具及光源

办公空间一般要求照度均匀度，所以光源一般以漫射光为主。另外也考虑了节能和维护等问题，而节能灯和荧光灯因其高光效、显色性好、寿命长等特点成为办公空间最主要的光源。灯具的使用上则以600mm×600mm 或是 600mm×1200mm 等下照格栅灯盘为主。而随着大家对于空间品质要求的提高，不少办公空间追求更强的设计感，灯具形态也更为多变与个性化，线型嵌入式灯具、线型下照吊灯或是上下照吊灯，都是目前常见的做法。而更为个性化的灯具也越来越多地出现在环境中（Fig. 4.28 ~ Fig. 4.30）。

Fig. 4.28 空间属性和功能要求决定了灯具形式与光源选择

4.2.6 LED光源与传统光源使用上之区别

在前面，我们也提到了 LED 的迅速发展，造就了酒店空间出现大量的 LED 灯具或 LED 光源替代传统灯具或光源的情形。当然，在办公空间也面临同样的情形。所不同的是针对节能灯形式的灯具发展成 LED 灯具的速度比酒店类更快，单纯的更换光源较少，而 LED 灯具则大量地出现在市面上。在设计上直接采用 LED 灯具来做设计的做法已完全可行，当然价格还是 LED 灯具目前的弱项。另外，LED 灯具在不同批次上的色差或色偏移等现象，或是前后批次的 LED 亮度不同的情形也慢慢地得到了改善。

4.3 商业空间

4.3.1 业态特点与区分

目前，我们可以将大型商业空间大概分为百货公司（Department Store）和购物中心（Shopping Mall）两大类。其中百货公司在亚洲地区分布较广，而在中国台湾，以及日本则更为密集。其特点为位于密集人流的大都会区域，例如：台北、东京。而百货商场也因地处每个城市寸土寸金的黄金地带，空间更须发挥最大的使用功能。因此，拥挤及商品密集为其空间特点。而柜位与柜位之间的空间界定大多利用顶棚和地面的承租线来完成，除了靠墙分布的柜位在彼此之间有较明显的墙面区隔外，其余柜位大多没有较明显的区隔，往往顾客走一走就到了下一个品牌的区域了。虽说百货商场柜位也是经过考虑安排的，但由于其开放的特性，相对来讲百货公司柜位的布局给人较零乱的感觉。在国内，这类型商场有上海的太平洋百货、新世界百货及南京路的其他百货商场；北京则有君太百货、中友百货、晨曦百货等（Fig. 4.31 ~ Fig. 4.33）。

Fig. 4.31 商业空间

Fig. 4.32 公共空间与半封闭的售货空间

Fig. 4.33　商场内景

　　由于国人的整体生活素质的提升，加之商业销售竞争的激烈，以及大量的土地开发，购物中心的概念被引进中国，并且有越演越烈的态势，各地区的大型购物商场不断地出现。除了基本购物需求外，它同时满足了娱乐、休闲、餐饮等一体化的商业模式。相较于百货公司，购物中心更注重塑造舒适与轻松的购物与娱乐休闲的环境氛围。

　　在空间上来讲，购物中心的商铺大多为独立的空间。整体考虑的店招形式与安装方式及大型的商品展示橱窗。垂直与水平动线不像百货公司的动线那样被隐没在大批商品之间；相反的，动线在购物中心中扮演着相当重要的角色。另外，挑空空间（中庭）也是现代大型购物中心的特点，垂直与水平动线分布在挑空区之中及其两侧。大量的自然光被从挑空区顶棚天窗引入，营造出一个更为舒适并接近自然的环境。这类空间在国内则有北京的蓝色港湾购物中心、上海恒隆广场、南京德基广场、广州正佳广场等，还有各地的大型购物中心也陆续地推出（Fig. 4.34 ~ Fig. 4.36）。

Fig. 4.34 商场中庭 1

Fig. 4.35 商场中庭 2

Fig. 4.36 商场中庭 3

不同的地理及商业环境也影响着一个商业空间的定位与运营策略。例如沈阳大悦城，将其四座馆区根据年龄层和消费能力被明显地区分，其中A座专为都市中的先锋青年打造，突出最 in 的文化，最流行的氛围，以及炫酷的服饰；B座为都市新贵所追寻的雅致格调，名品荟萃，顾客可在此感受社会主流文化，品味精致时尚的生活；C座描绘摩登家庭的品质生活，奢华风尚，提供非凡内涵的产品及感受；D座定位为未来生活，感悟艺术，品味文化，个性创意，不拘泥于风格。具体到每座、每层又有不同的分类分区，如家居、国际精品、餐饮服务等（Fig. 4.37）。

Fig. 4.37 沈阳大悦城

4.3.2　空间类别之区分与照明考量

　　虽说百货公司和购物中心在体量、营销理念等方面有一定的差异性，但在空间划分上大致可被区分为消费区（购物、餐饮、娱乐）、交通动线区域（挑空区、电梯、电梯厅、走廊）、服务区（休息区、公厕）等三个主要空间。

消费区（购物、 餐饮、 娱乐）

　　消费区包含了购物、餐饮、娱乐等区域，但由于餐饮和娱乐一般多针对特定需求和风格而需单独考虑，因此，此部分的消费区域谈的主要以购物区域为主，它指的是所有的开放柜位区域或是独立的商铺。一般来讲，此部分照明会受到各个品牌特点与需求的影响而有改变，而在设计初期也因无法确认使用的品牌，照明设计通常是不包含此部分的设计或是仅仅只提供基础照明，而最终整体照明由各个品牌针对需求与管理方协商来增减灯具位置和数量。当然，有些开放柜位也会直接使用已有的照明系统，因此，照明设计务必做到能够满足所有商品的需求。一般的靠墙的柜位多会利用柜位来形成三面围闭的空间以增加商品展示面，同时也可在柜位中间增加一定的平面展示台或吊挂展示区域。由于展示的商品多且无法完全预期商品位置，在顶棚照明系统上务必考虑灯具的灵活运用。一般可考虑使用多头可调角度的灯具，甚至可以考虑轨道系统的使用，同时须考虑一定的环境光需求，搭配如格栅灯、节能筒灯等类型的灯具。而光源的选择则以金卤灯、卤钨灯为主。当然近几年 LED 灯已被大量地运用在商品照明上，一是减少了能耗以达到节能需求，而另一重要的效果则是降低了热量，让顾客在挑选商品时能够有更舒适的感受。在色温的使用上根据商品或档次定位会有一定的差异，色温范围较广，可由 2700K 到 5000K 不等。甚至会因特殊需要有更高的色温需求。但一般来讲，建议色温不超过 4000K±200K。

这里需要特别提醒的是由于商场贩卖或引进的商品的多样性，所有的设计强调的都是以整体效果为主轴，而照明设计强调的则是整体照明系统的规划，以达到整个商场的风格的一致性。不过也应该针对每一柜位做独立而个性化的设计。另外，在灯光界一直有个口号叫"见光不见灯"，但笔者认为在商场照明上有时很小一部分的溢散光对人的视觉感受会有一定的刺激作用，并非都是那么绝对不好的事情。而光源直接外露也可能是设计直接的需要，例如以青少年为主要消费群体的体育用品区域，顶棚刻意外露的冷阴极管给人带来一种较为直接的视觉接触，刻意塑造的"不精致感"也会为空间带来更活泼的感觉。这些做法无所谓好坏、对错，完全取决于设计定位的不同（Fig. 4.38 ~ Fig. 4.40）。

Fig. 4.38　餐饮区照明

Fig. 4.39 是对称布风格的排系馆

Fig. 4.40 用灯具装饰的餐厅

交通动线区域（挑空区、手动扶梯、电梯厅、走廊）

在挑空区，顾客可以在此看到各楼层部分的商铺立面、走廊、顶棚造型、屋顶天窗、扶手栏杆，甚至感受人的活动等。作为商业空间特别聚集地，挑空区在有力地诠释商业风格及定位的同时，功能上也承载着垂直交通动线与各个空间串联的重要任务，另外也可拉高空间的体量感，有些商场在条件允许下甚至可引进自然光，给顾客一个更为舒适的购物环境。因此，挑空区的重要性可想而知。

　　挑空区的最大特点是人们可以一眼看清天、地、壁的现有情况。第一个部分为楼板与扶手栏杆形成的垂直立面，由于此部有空间围塑的功能，同时也是空间一眼望去最大的连续垂直面，一般室内设计多利用此部分来围塑空间特点，而灯光往往成为此部分的重要使用媒介。它可为空间带来另一番趣味性与视觉感受。而需要注意的是此部分往往与电动手扶梯所形成的垂直动线形成串联，需同时考虑手扶梯与此部分的连贯性。

　　另一特点则是挑空区的顶棚设计，对于没有自然光的顶棚往往设计师会采用一定的手段来强化此挑空区域，例如颜色、造型等，当然灯光在这时同样会扮演一个重要的角色。而大部分带天窗的商场，往往忽视天窗在晚上的重要性，更由于最靠近天窗的楼层一般为剧院或是餐饮空间，造成了天窗的不被重视而通常没有刻意针对天窗来考虑的照明。其实，好的顶棚照明可以让整个空间在一定程度让人觉得空间相对较明亮同时也会让整个挑空区更为完整，因此不可忽视天窗照明的重要性。但需要注意的是，由于天窗一般由弧形造型玻璃结构组成，在考虑天窗照明如需要上照天窗结构时，需考虑天窗玻璃反射灯具给人造成的不好感受，尤其是上照灯槽最易产生不好的视觉感受。

　　最后，挑空区所在的地面楼层有时承担着举办特卖会、表演活动等任务，为此照明需要能够提供针对这些活动所需的照明功能，除了天窗上安装的下照灯光外，也可考虑在挑空区三、四层间安装射灯或舞台灯光来满足使用需求，当然也可以针对特定活动临时架设所需的灯光设备。

　　挑空区由于高度的原因，建议在照明上采用金卤灯光源，而照射角度则以窄光束为主。色温要求则与消费区相同，应根据不同需求选择合适的色温（Fig. 4.41 ~ Fig. 4.44）。

Fig. 4.42 大型商业的室内空间将自然光与人工光相结合

Fig. 4.43 郑州锦艺城购物中心

Fig. 4.44 光带与扶梯强调空间的层级感与通达性

　　走廊、楼梯、电动手扶梯作为各个空间水平与垂直交通的串联的角色，照明除了配合顶棚或墙面造型需求外，主要以满足照度需求为主，但也需要同时考虑其配角的角色，不可过分突出而抢了商铺的风头。照度要求约为 100 ~ 250lx，但可根据需求再作调整。此部分照明设计也要同时考虑到商铺照明对动线空间的影响，很多设计师往往会怕整个走道不够亮，而在设计时会将整个走道布满灯具。另外也要考虑顶棚造型的需求，最忌讳不考虑顶棚造型与灯具位置的关系而出现直接按棋盘式格子布灯的情况。

　　电动手扶梯出于安全性考虑，在"上来"、"下去"落步区建议提供足够的照度，同时在电动手扶梯底部可考虑造型与灯光组合的做法，对下方的踏步既可增加照度，又能增加电动手扶梯的视觉趣味性。而一般的楼梯则需要考虑整个楼梯的均匀照度，并满足最基本的行走照度需求。

　　电梯厅作为垂直交通的另一重要组成部分，往往顾客需要在此区域做一定的停留，因此可在室内设计或照明设计上做一定程度的变化及创造适当的丰富空间，但有应别于酒店电梯厅，风格以简洁大方为主（Fig. 4.45 ~ Fig. 4.47）。

Fig. 4.45　灯光装饰使扶梯具有情趣性

Fig. 4.46　扶梯端头照明具有提示意义

服务区（休息区、 公共厕所）

休息区有开放、半开放和封闭空间之分，主要作为购物过程中停留休憩之用，有些还提供儿童游戏功能。一般来讲照度可以与走道区域相同，也可适度降低照度让顾客能够在此区域感觉更为放松。

公共卫生间早期以满足基本照度为主，而随着商业建筑档次的提高，大量的装饰元素被加入厕所空间内，装饰灯具、灯槽、发光墙面或顶棚的手法被大量使用。不再是几个马桶间共用少数筒灯，而光源也不再只局限在节能灯或荧光灯。但除了考虑气氛营造外，洗手台区域或独立的化妆区域需考虑面部照明需求，除了下照筒灯或射灯外，可考虑垂直面照明，例如壁灯、镜子灯带、灯槽等以补足脸部照度，避免脸部出现阴影（Fig. 4.48、Fig. 4.49）。

Fig. 4.48　休息区场景

Fig. 4-19 男卫间海蓉

4.3.3　各功能区照度要求

针对以上空间，建筑照明设计标准 GB50034 – 2004 也提出了建议的照度要求（Table 4.6）。

Table 4.6　商业建筑照明标准值

房间或场所	参考平面及其高度	照度标准值（lx）	UGR	Ra
一般商店营业厅	0.75m 水平面	300	22	80
高档商店营业厅	0.75m 水平面	500	22	80
一般超市营业厅	0.75m 水平面	300	22	80
高档超市营业厅	0.75m 水平面	500	22	80
收款台	台面	500	—	80

4.3.4　常用灯具及光源

商业空间目前来讲主要还是以荧光灯、节能灯、金卤灯等功能性照明设备为主，卤钨光源灯具及装饰花灯为穿插搭配。荧光灯、节能灯主要用于环境光塑造，表现顶棚造型、灯槽、发光材料、膜结构等部位，金卤灯则更多利用在高空间部位，或是希望营造更明亮的空间氛围，另外对于商品有明显的腔调作用，因此，大多与卤钨灯搭配使用于商品照明部分。

4.3.5　LED光源与传统光源使用上之区别

　　在商业空间里，由于大量使用环境光，节能灯具和灯槽被大量使用，因此在不考虑价格因素的条件下，LED 灯具在商业空间中有相当大的发挥空间，漫射光形态的 LED 筒灯可完全取代现有的节能灯。目前较普遍的 LED 光源多采用 60 ~ 70lm/W 的 LED，虽较节能灯光源能效低，但由于一般节能灯灯具内部结构，造成了节能灯灯具能效偏低的情况。因此，LED 筒灯虽说同样有耗损，但整体来讲 LED 灯具在能效上已可以与节能灯灯具匹敌，甚至更好。

　　目前商业空间灯槽还是以荧光灯为主，主要还是出于成本考虑，另外也有对环境光进行补充的效果，但如果灯槽仅仅起到装饰作用，则线型 LED 灯可完全取代。

　　针对商品照明部分，除了金卤灯、卤钨灯外，目前 LED 灯具已被大量使用在商场商品照明上，而最明显的改变就是热量的降低，当然对能耗的节省也是有一定的帮助的。但对于所谓的一线品牌来讲，由于卤钨灯的高显色性是 LED 无法企及的，因此对于这些高端品牌来讲，传统光源还是他们的最爱。

4.3.6　商业照明设计的切入点

　　国内目前所说的商业照明主要都是针对大型购物中心而言的，此类型空间由于体量较大，很多时候设计师往往不知道从何处下手。一直以来，笔者都认为照明属于空间设计的一部分，它是附属在空间中的，是为空间加分的；同时它在针对有使用功能的空间中是不会单独存在的，也就是说不会在空间没有规划或设计的情况下就能进行照明设计。因此，商场照明设计同其他不同类型的空间一样，都需要事先了解你需要设计的空间的所有信息，包括业态、动线分布、建筑形体、材质等。

　　对于购物中心来讲，由于动线担当串联所有空间的重要角色，因此动线会被视作空间中相当重要的考虑要点。而挑空区域由于是视觉焦点所在，也成为重中之重的区域。将这些节点区域与动线组成的线性空间串联并合理分配亮度等级，形成明显的主次。一般来讲商场空间照度与档次有一定的关联性，高档商场的照度一般较低，大约为100～250lx，而随着商场档次的下降，照度则会越来越高。而这里照度的设定其实无绝对的对错，完全取决于商场定位和设计需要。当然，这里要额外说明的是，档次较高的商场照度较低，但如果装修档次太差，较低的照度则会让人有商场舍不得开灯或不太在乎顾客感受的感觉。而照度高的做法也有类似的情形，笔者在成都苏宁购物商场遇到的情形是室内设计师采用了非均匀照度的方式来设计所有动线区域，使用了窄光金卤灯在地面形成强烈的光斑（局部照度可达到3000～4000lx的情形）以营造出由斑点组成的空间特点，但业主却是在后期才知道要采用此效果。因此，在设定照度等级或效果时务必与业主、管理方、设计师深入沟通，以取得共识，避免后期出现返工的情况。

　　最后，笔者建议在设计购物商场前，务必做好同类型商场的调研工作，合理地分析所有类型空间，将有助于与业主或相关单位的沟通，避免因没有经验而和业主的构想产生较大出入。

4.4 博物馆空间

4.4.1 不同博物馆类型之区分

大部分的博物馆多为公办博物馆，藏品丰富而复杂，因此在空间设计上往往会针对不同展出藏品而有各自不同的独立空间，例如佛造像、书画、玉器等不同类别。除此之外，为了满足不同类型有展期限制的展出需要，此类型的博物馆往往还会有临时展览的空间以应付不同的展陈需要。除此之外，还有些博物馆是针对不同主题所设立的，例如电影博物馆、汽车博物馆等针对特定展品而设的博物馆。而私人博物馆多为企业主个人兴趣的收藏，一般规模较小（Fig. 4.50、Fig. 4.51）。

Fig. 4.50 博物馆展陈场景

fig.4.5] 东京都运输/内景

4.4.2　博物馆内部空间的功能区分

博物馆里面空间按使用功能区分，最主要的当然是展陈空间，而按展览类型则可分为主题展区（通常为常态展览区域）及临时展区两个部分。除了展览区域外，其他皆属于配套的空间，包含服务空间（大堂、前台等）、休憩区域（餐厅、咖啡厅等）、动线等几个部分。

4.4.3　空间特点与照明考量

大部分博物馆由于藏品皆属于珍贵不可多得等因素，对于展出的各个方面都有较严格的要求，因此，展陈空间就成为博物馆照明要求最多的部分了。在照明设计上，它根据不同的展品特点而提出了不同的要求，例如照明方式、照度、照明时间长短、红外线及紫外线的防护等。

书画展品，一般为多幅作品连续吊装于墙面上或大型墙柜内，照明方式应以面光源为主，而根据墙柜高度，在设计初期可考虑需要上下同时打光的做法。将所需设备安装到位。针对较长的书画卷轴可同时开启上下两组灯光设备，以达到清晰舒适的观赏环境，当然基于保护原则，墙柜须同时考虑红外线及紫外线的防护，可利用展柜内部上方和下方位置增设防红外线与防紫外线玻璃以达到最佳防护效果。

另外，小型卷轴类书画则可能使用独立平柜展柜，展品平放于柜内。由于展出高度的限制，一般柜内空间不大，需考虑的是人的观赏视角，应避免眩光情形。另外，针对珍贵文物，则需考虑紫外线和红外线对于文物的伤害，灯具可考虑使用光纤，如保护等级更高时甚至还需要

Fig. 4.52 书画展区

透过几次镜面反射，以达到最大限度降低紫外线和红外线的影响的目的（Fig. 4.52）。

对于西画、照片展区，西画更多以油画为主，画作大小不一，其照明方式多为一幅画作单独使用一种照明方式。而小型画作依不同内容会搭配不同的画框，因画框有一定的宽度与厚度，因此在照射角度方面需有一定的考虑，避免出现画框阴影大量投射在画作上的情况。另外，有些画作基于保护原因也可能会在画作上加上玻璃，此类型则需要考虑照射角度是否造成眩光等问题。而照片类的情况基本与西画带玻璃做法类似，即使照片表面没有玻璃，也可能因纸张多为反光材料而产生眩光问题（Fig. 4.53）。

对于佛造像及雕塑展区，佛造像由于类别划分的原因，一般是与其他雕塑类展品是分开展示的，但主要展示方式类似，都是利用灯光来强化展品的三维效果。佛造像展品多为中、大型立体神像或半身像，照明方式应以环境光搭配重点照明的方式来呈现，以体现佛造像面部表情或全身雕饰，透过不同强度的照明所呈现的立体感，让人感受佛造像艺术之美和其祥和之气。佛造像除了木本色外也有金箔、金漆表面处理，甚至是金子打造的情形，因此，卤钨灯的全光谱及暖光特点更能呈现出佛像本身的华丽（Fig. 4.54）。

Fig. 4.54 佛造像及雕塑展区

陶瓷、玉器等展品主要让人感受其形体之美和器物本身的绘画内容
之美。此部分展品有大有小，大的或是重点器物一般独立置于展柜或是
独立展柜中，由于此类器物造型容易在藏品下部形成阴影，因此可根据
需要补充此部分照明，例如可考虑增加发光底座或是其他上打光方式。
而针对瓶罐类的展品，则应避免因将灯具安装于柜内上方中间而造成灯
光只打到瓶内，却无法照到该表现区域的尴尬情况（Fig. 4.55）。

对于青铜器、钱币展区，此类型的展品由于年代久远，加上器物表
面氧化因素，大多有表面颜色较深的情况。因此在照明手法上需考虑如
何能更明显地呈现出展品的细节，使用较合适的灯光强度，同时也需考
虑文物保护等要素（Fig. 4.56）。

临时展区，由于此部分有定期更换展品且展品内容不确定的特点，
因而在设计考虑上需要满足所有的照明可能性，也就是需要考虑到上述
的所有类型皆能使用为前提。因此，照明系统的合理布置成为此空间最
主要的课题。它既要满足墙面展示方式，又要满足独立展品、展柜等包
含平面与立面共存的三维展品的展陈方式。一般多利用轨道的形式以满
足使用需求，而轨道的布置方式则有棋盘式或平行线分布等方式，同时
根据顶棚高度及照射角度的合理性来调整两条轨道的间距，过大的照射
角度容易形成眩光，而过小的照射角度又有照射不到展品的可能性。须
经过缜密的考虑以得出最佳的轨道间距。当然根据空间的不同轨道的分
布形式也会有不同，较狭窄长条形的空间可采用"口"字形甚至是单根轨
道置于空间的分布方式，这些都需要针对空间特点再加以界定与设计。

Fig. 4.55 博物馆玉器美展品

Fig. 4.56 博物馆青铜器失展品

4.4.4 博物馆展陈照度要求

针对以上空间，建筑照明设计标准 GB 50034 – 2004 也提出了建议的照度要求（Table 4.7、Table 4.8）。

Table 4.7　博物馆建筑陈列室展品照明标准值

类别	参考平面及其高度	照明标准值（lx）
对光特别敏感的展品：纺织品、织绣品、绘画、纸质物品、彩绘、陶（石）器、染色皮革、动物标本等	展品面	50
对光敏感的展品：油画、蛋清画、不染色皮革、角制品、骨制品、象牙制品、竹木制品和漆器等	展品面	150
对光不敏感的展品：金属制品、石质器物、陶瓷器、宝玉石、岩矿标本、玻璃制品、搪瓷制品、珐琅器等	展品面	300

注：1. 陈列室一般照明应按展品照度值的 20% ~ 30% 选取；
　　2. 陈列室一般照明 UGR 不宜大于 19；
　　3. 辨色要求一般的场所 Ra 不应低于 80，辨色要求高的场所，Ra 不应低于 90。

Table 4.8　展览馆展厅照明标准值

房间或场所	参考平面及其高度	照明标注值(lx)	UGR	Ra
一般展厅	地面	200	22	80
高档展厅	地面	300	22	80

注：高于 6m 的展厅 Ra 可降低到 60。

4.4.5　常用灯具及光源

博物馆照明一直以来多采用卤钨光源作为主要照明，常用的光源有 MR16、QR111、QPAR30、QPAR38 等。卤钨光源的主要优势为高显色性 （Color rendering index），对于展品色彩的还原度最好；另外是光源可调光，易于满足不同展品的亮度需求。当然其缺点则是紫外线和红外线的产生，在长期连续照射下，展品容易因产生化学变化而损坏。因此，在博物馆照明里，防红外线和紫外线镜片的使用就格外重要了。

另外，为了要满足不同展品的展出需求，例如不同大小、造型、颜色、照射方式等，一般在博物馆里的照明灯具设备多采用轨道灯形式，灯具则必须可以添加不同需求的玻璃镜片，例如防红外线 / 防紫外线镜片（UV/IR lens）、柔光镜片（Soften lens）、雕刻镜片（Sculpture lens）、日光镜片（Daylight lens）等。由于防红防紫镜片属必备镜片，因此灯具在选择时一定要能够在加上防红 / 防紫镜片后还能满足另外再添加最少一组镜片的可能性，方可应付所有照明需求。另外，由于技术的发达，目前大部分的轨道灯具都可做到单灯调光，大大地为展品照射提供便利。轨道的部分则建议使用三回路轨道，也就是每个轨道内包含三个回路，每个回路根据需要可单独经由控制系统分开控制以达到最佳的使用功能。

4.4.6　LED光源与传统光源使用上之区别

LED 光源目前在很多类型的空间中都已大量采用，但针对博物馆空间来讲，由于要求是对展品的细节、色彩等要素的高还原度，大部分博物馆的照明，尤其是以珍贵文物为展出对象的，目前还是以卤钨灯为主。LED 光源在博物馆的运用上还是给人一种无法百分百还原展品的感受，锐利度也较卤钨灯逊色一点，在此领域目前还没有完全被接受。但一些以博物馆为主的灯具厂家，例如 Erco、WAC 等都致力于 LED 灯具的研发工作，相信很快 LED 灯具会在博物馆空间有很大的发挥空间。

4.4.7 博物馆照明设计的切入点

对于博物馆照明设计来讲，展品的保护、展品细节及特点的还原、博物馆空间使用的灵活性、主题的掌握等是在设计时需要特别关注的。

大多时候照明设计者多以考虑技术性为主，而缺乏了对空间的系统性架构分析与分配。笔者在作为北京首都博物馆的照明顾问时，发现的问题为照明设计师将主要的时间皆花在轨道灯照射展品的照度计算上，看似完整丰富的报告资料，却有超过一半以上的内容都是针对展品的照度计算，但却无法提出整个设计的重点和系统设计规划的概念。这绝对不是博物馆照明设计该走的方向。

另外，空间环境光与灯具设备的不合理使用则是更为严重的问题。笔者近期到过位于北京的紫檀博物馆，发现大量的格栅灯和廉价而非博物馆级别灯具的使用，让整个展览空间无气氛可言，而无防护配件及不合适的灯具的使用，一方面分散了参观者的注意力，另一方面则是对文物的直接伤害。同时，对于有玻璃防护的展品未考虑反光情况，而造成了看不清文物的状况；墙面开窗位置的不合理，造成大量天光甚至是日光也都大大降低了，从而影响了整个博物馆的观赏质量。

在照明规划开始前，照明设计师必须对于基本的文物防护有深刻了解，将文物保护置于第一考虑要素，毕竟很多文物都是独一无二的，失去了就不会再有。再来则是需要在设计初期深入了解所要展出的文物特点或主题，同时也考虑到建筑特点，提出一套合理的照明系统方案，强化展品展出效果，同时弱化动线亮度，将空间的照明层次区分开来，以达到合理且舒适的观赏动线与环境效果。切勿只考虑哪里有东西，哪里就放灯的情况。

最后，由于博物馆在照度及相关保护的方面要求甚多，笔者并未在此部分罗列详细的照度及相关文物保护的要求，更多的是阐述博物馆照明需要考虑的重点，具体要求可参考国内建筑照明设计标准 GB50034 - 2004 及北美照明学会（IESNA），*The Lighting Handbook*（*Tenth Edition*）对于博物馆照明设计的相关建议与要求。

设计中的计算问题

怎样成为一个经验丰富的设计师，快速估算项目的照度需要，及时对甲方的提问作出回应。

室内照明设计照度计算

如果说照明设计是个天马行空的想象，那么照度计算就可以看作是将这样的想象付诸实际的过程。照明设计不单纯是个艺术创作，而且是个技术活。因为空间的形态、材质的不同、使用的照明设备多变等因素，大多数人并无法单靠经验来验证空间的照度是否满足要求。而实际条件也决定了无法将所有的空间或物件，都透过现场实验来确认照度需求。因此，照度计算在照明设计里扮演着相当重要的角色。

计算机照度计算软件

近年来，由于计算机的快速发展，照明设计软件开发者根据使用者的需求，开发了不少针对照度计算的软件，而这之中要数 Agi32 及 Dialux 两个照度软件最为人所熟悉。除此之外，不少厂家也自行开发了照度计算软件以提供给顾客更好的服务，例如飞利浦的 Calculux。

Dialux 是由德国 DIAL 公司开发的，主要运用在欧洲市场，但近几年来在中国加大推广力度，除了有中文化的使用界面外，更吸引人的则是该软件完全免费。目前国内也有不少厂家与之合作，将自身产品信息直接导入软件中，以利使用者的方便使用。另外，Dialux 在新版本也加入光迹跟踪（Ray-tracing）功能，目的是让使用者在计算中能有更视觉化的计算结果。具体细节可进入 Dialux 网站（www.Dialux.com）了解更多信息。

Agi32 则属于收费软件，且价格不菲。操作界面相对复杂，但由于使用界面与 AutoCAD 等类似，因此上手并非像我们想象中那么困难。由于没有中文化的使用界面，使用者要克服的则是语言上的差异。Agi32 的最大特点是能依据实际空间形态制作出任意形状的空间，以模拟较真实的空间，达到更正确的照度计算结果；另一特点则是光迹跟踪（Ray-tracing）的图面渲染能力，能够创造更真实的空间渲染效果。具体细节可进入 Agi32 网站（www.agi32.com）了解更多信息。

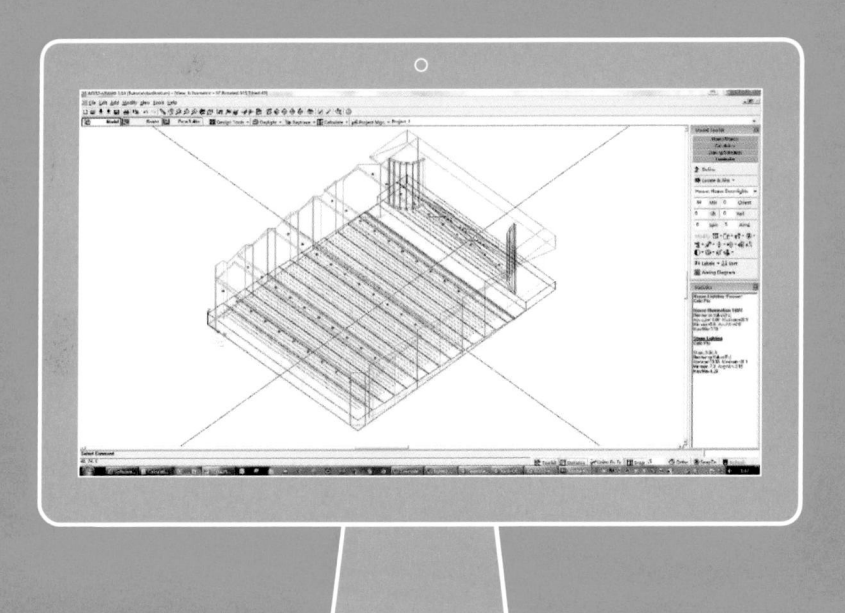

手算照度计算

作为一个好的照明设计师，须具备照度计算手算能力。唯有具备了这项技能，则可应付很多突发的状况。举例来说，假设有位老板有个开放办公室需要照明设计，而且需要的是使用一种灯型。对于这位老板来说，最关心的除了设计费外，应该是需要投入多少成本可完成这个设计项目。当你具备了良好的手算照度计算能力时，在最短的时间内，则可以提供给对方所需的灯具概算，再加上经验值，也可以很快算出照明设备、管线及安装等费用。不仅提供了业主所需的信息，同时也取得了业主更大的信任。

因此手算照度计算真正的目的不在于提供一个最正确的照度结果，而是为了对未开始的项目能够进行最快速的评估；对于进行中的项目能快速地核实照明设计中照度分配的合理性；对已完成项目但有改进空间或照度不足及照度过量的空间，作快速评估与提出合理的解决方案。而以下所要谈的照度计算主要以满足上述几个方向为基础来考虑的，同时对于已知的照度计算公式根据快速计算原则，作一定的调整。但在进一步简化照度计算流程前，我们需要对基本的照度计算有一定的认识。

照度计算目前按照北京照明学会照明设计专业委员会编撰的《照明设计手册（第二版）》来看，可分为点光源的点照度计算、线光源的点照度计算、面光源的点照度计算、平均照度的计算等。而我们平常较常用的则为点光源的点照度计算，也称为点算法（Point by point），主要是针对特定的物件的某一点照度需求，例如美术馆／博物馆墙面画作及空间中的雕塑重点照明，又例如外墙泛光照明的某一个特定位置的照度等。另外一种则是平均照度计算，又称作流明法（Lumen method），主要用来计算一个空间的均匀照度，例如开放办公区、仓库、教室等常用一种灯具及光源的大空间。

点算法

水平面照度计算：

$$LX = \frac{CD}{D^2} \times Cos\theta \times L.L.F$$

$$照度 = \frac{坎德拉}{距离的平方} \times Cos\theta \times 减光系数$$

垂直面照度计算：

$$LX = \frac{CD}{D^2} \times Sin\theta \times L.L.F$$

$$照度 = \frac{坎德拉}{距离的平方} \times Sin\theta \times 减光系数$$

手算是为了快速地得到接近的计算结果，因此减光系数可先暂时忽略不计。

流明法

$Ev=(qty. \times lm) \times (CU \times LLF)/m^2$

也就是：照度 =（灯具总流明数 ×CU×LLF）/ 面积

$$EV = \frac{(qty. \times lm) \times CU \times L.L.F.}{m^2}$$

$$照度 = \frac{(灯具总流明数) \times 利用系数 \times 减光系数}{面积}$$

这里的灯具总流明数，会根据灯具形式而有不同。例如：飞利浦格栅灯 TBS769 为三根 T5-14W 荧光灯管；而 TBS528 则为两根 T5-28W 荧光灯管，则总流明数是因各自灯管数而不同。

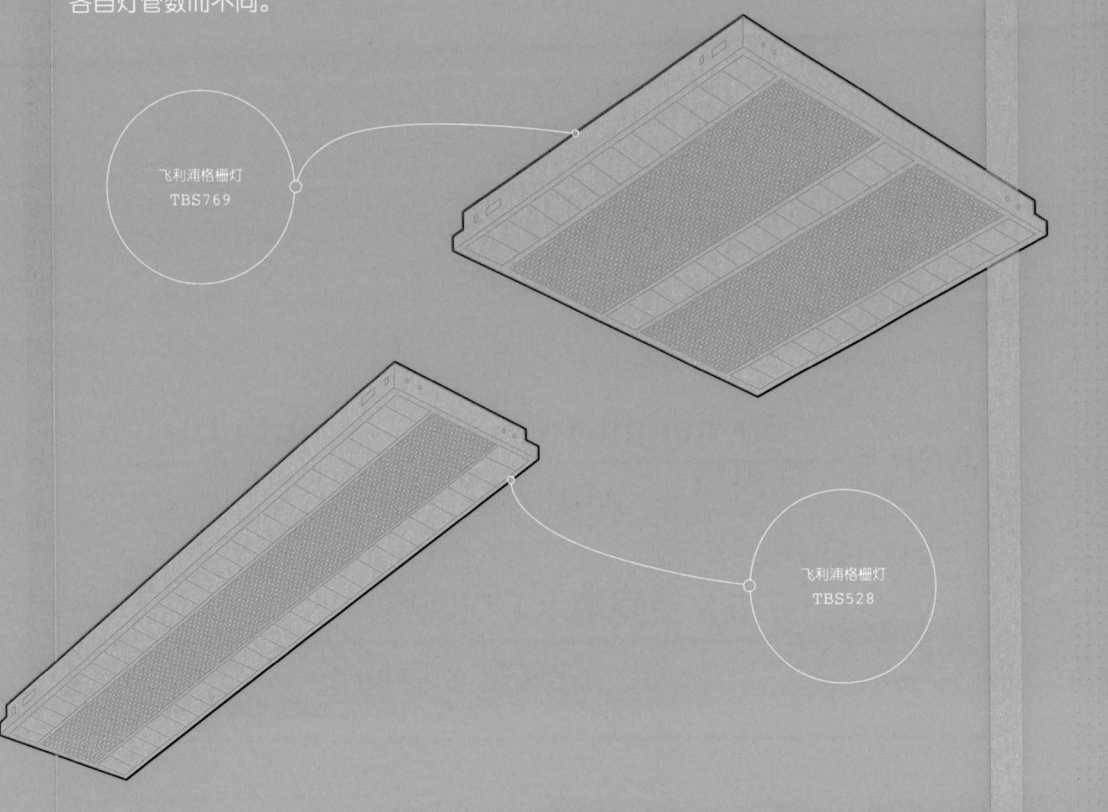

飞利浦格栅灯
TBS769

飞利浦格栅灯
TBS528

CU值（Coefficient of Utilization）：所谓的利用系数，指的是灯具的总流明。

最终能够传送到工作面的流明数之百分比。而此数据可由灯具制造商提供的数据表格（CU Table）中查到。它主要是考虑了空间的形状、高度、颜色等因素。进一步来说就是考虑了顶棚、墙面与地面的反射率及室内空间形状的比例系数（Room Cavity Ratio，简称RCR）。经过对RCR的计算所得的系数，再透过空间的顶棚、墙面与地面的反射率，从而由CU Table查到所需的CU值。

RCR值（Room Cavity Ratio）：室型系数，指的是室内空间长、宽、高之间所形成的比例系数。可表示为：

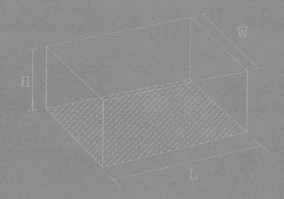

$$RCR = \frac{5 \times height \times (width + length)}{width \times length}$$

$$室型系数 = \frac{5 \times 空间高 \times (空间宽 + 空间长)}{空间宽 \times 空间长}$$

举例说明：

假设一个空间的 RCR 为 3，顶棚反射率为 70％，墙面反射率为 50％，而地面反射率一般设定为 20％，则由 CU Table 可以查到 CU 值为 64％。

COEFFICIENTS OF UTILIZATION-ZONAL CAVITY METHOD
Effective Floor Cavity Reflectance 20%

Ceiling Reflectance (96)		80				70				50			30			10			0
Wall Reflectance (96)	70	50	30	10	70	50	30	10	50	30	10	50	30	10	50	30	10	0
Room Cavity Ratio																		
0	80	80	80	80	78	78	78	78	75	75	75	71	71	71	69	69	69	67
1	76	75	73	71	75	73	72	70	70	69	68	68	67	66	66	65	64	63
2	73	70	67	65	71	69	66	64	67	65	63	65	63	62	63	61	60	59
3	69	65	62	60	68	64	61	59	63	60	58	61	59	57	60	58	56	55
4	66	61	58	55	65	60	57	55	59	56	54	58	55	53	56	54	53	52
5	63	57	53	50	61	56	53	50	55	52	50	54	51	49	53	51	49	48
6	59	53	50	47	58	53	49	47	52	49	46	51	48	46	50	48	46	45
7	56	50	46	43	55	49	45	43	48	45	43	48	45	42	47	44	42	41
8	83	46	42	39	52	46	42	39	45	42	39	44	41	39	44	41	39	38
9	50	43	39	36	49	42	39	36	42	38	36	41	38	36	41	38	35	35
10	47	40	36	33	46	39	36	33	39	35	33	38	35	33	38	35	33	32

LLF 值（Light Loss Factors）：减光系数，在流明法照度计算里所需考虑的系数，最重要的内容则包含以下三个部分（LLF=LLD×LDD×BF）。

[1] LLD 值（Lamp Lumen Depreciation）：光源流明输出衰减系数，光源在使用一段时间后，在光通量的部分同样会有衰减而影响到灯具输出的能效。

[2] LDD 值（Luminaire Dirt Depreciation）：灯具脏污衰减系数，灯具在使用一段时间后即会因为环境的干净与否而受影响。环境越脏则 LDD 值越低。而除了环境外，灯具的安装朝向也有一定的影响，例如投光灯一般为上照，表面受灰尘、雨雪等的影响更大。

[3] BF 值（Ballast Factor）：镇流器系数，根据镇流器制造的不同，镇流器的能效同样有不同，但目前一般镇流器皆要求在 95％ 或以上，所以在手算时一般按 1 来考虑，基本上可考虑不计。

有一个开放办公室,面积为 $40m^2 \times 20m^2$,顶棚高度 4m,需要照度为 500lx。
公式为:

$$RCR = \frac{5 \times 4 \times (20 + 40)}{20 \times 40}$$

$$RCR = 1.5$$

采用 Kurtversen CFL-42W×2 灯具,流明数为 6400lm(3200lm×2),
按下列 CU 表,墙面反射率 50%,顶棚反射率 70%,CU 值介于 0.55 和 0.5 之
间,所以取 0.53 作为最终 CU 值。

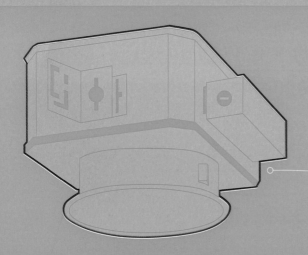

Coefficients of Utilization

Ceiling	80%				70%		50%		30%		0
Wall %	70	50	30	10	50	10	50	10	50	10	0
RCR	Zonal Cavity Method - Floor Reflectance 20%										
1	58	56	54	53	55	52	53	51	51	49	47
2	54	51	48	46	50	45	48	44	46	43	41
3	50	46	43	40	45	40	44	39	42	38	37
4	47	42	38	35	41	35	40	34	39	34	33
5	43	38	34	31	37	31	36	31	35	30	29
6	40	34	31	28	34	28	33	27	32	27	26
7	38	32	28	25	31	25	30	25	30	24	23
8	35	29	25	22	29	22	28	22	27	22	21
9	33	27	23	20	26	20	26	20	25	20	19
10	31	25	21	19	24	19	24	18	24	18	18

$$500lx = \frac{总流明 \times CU \times L.L.F.}{面积}$$

$$500lx = \frac{总流明 \times 0.53 \times 0.9}{20 \times 40}$$

$$500lx = \frac{总流明 \times 0.477}{800}$$

$$500lx = \frac{500 \times 800}{0.477} = 838575$$

$$\frac{838574}{6400} = 约 131 个灯具$$

一般由于 CU　Table 并不容易得到，而国内厂家基本就不提供此部分资料，所以我们还可以将 CU×LLF 按 0.5 来计算，将计算公式简单化。

$$500lx = \frac{总流明 \times 0.5}{800}$$

$$总流明 = 800000/m$$

$$\frac{800000}{6400} = 约 125 个灯具$$

很多人一般不太记得不同功率的光源的流明数，但一般会记得同一类光源的能效，而这里采用的节能灯，一般能效在 75lm/W，所以我们也可以按这个方式来算。

$$\frac{800000}{75 \times 42 \times 2} = 约 127 个灯具$$

由上面三个结果来看，灯具数量有些微的差距，但在实际运用上，如能掌握以上技巧，则对于实际项目在初期评估或是中期快速验算中能够起到一定的作用。

总论

视觉时代来临将

改变灯光的意义

视觉时代来临了，存在的意义就是被看见。

一切一切都有商业的目的，商业价值的前提是被注意，被接受，被消费，与其被发现不如主动跳脱出来。在目前的社会心态下，一切商业要素是等不及你来审视，而是要闯入你的眼帘，刺激你的神经，挑战你的极限，从而证明自己的存在。被你看到成为获得成功的前提，然后才考虑如何将服务内涵、商业价值、文化元素以优雅的方式被你接受，这就是视觉时代的法则。

环境也是消费对象，环境要通过结构、材料构建硬件，要通过眼睛的感知合成感官感受，通过使用过程形成体验。在装饰材料和装饰技巧几乎穷尽的时候，一切可以成为再次调动视觉的手段必然会粉墨登场 —— 灯光无疑是最便捷、最有效的方式。

5.1 空间装饰的像素趋势

5.1.1 点光源变成像素点

在 LED 出现之前，将光源作为像素使用的机会很少。原因首先可能是能耗问题；其次是光源表面积都很大，并不能成为一个"光点"；最后，变色和控制的难度相当大。LED 是真正意义上的点状光源，又可以任意变色，控制起来还相当方便，于是灯光才真正走上了演艺的舞台，成为一个产生图像的像素，大型的图形图像介入空间表现的时代来临了。

5.1.2 像素空间的实践

在"新乐圣 KTV"的空间设计当中，设计师从数码影像的"像素"形态中汲取灵感，大胆地融入 3D 动态影像这一潮流元素，将主题定位于"3D 像素"这一全新引擎。在入口、大厅和等候区域由数百个线条鲜明的玫瑰金不锈钢材质配合 LED 点光源，打造出的立体空间造型拼接而形成的组合物，加上动感十足的立体构成带动着气氛，触动着消费者的好奇心。目光跟随着 LED 的动感像素延伸到顶面，一股波及整个空间的力量由此爆发，呈波浪形态延展出去，营造出最具流行元素的视觉空间，带给消费者超乎寻常的亲身体验，就像体会一餐视觉影像盛宴一般（Fig. 5.1）。

Fig. 5.1 新乐至 KTV 大厅

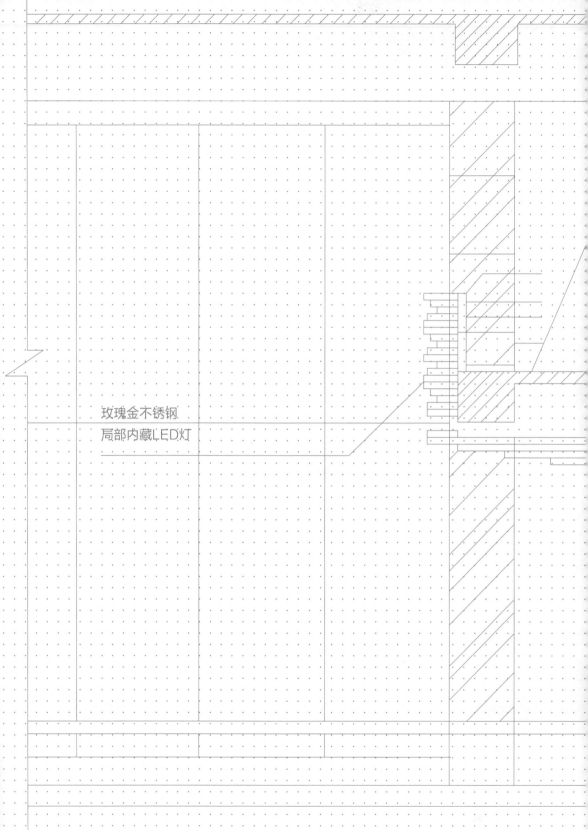

玫瑰金不锈钢
局部内藏LED灯

1F大厅立面图-1

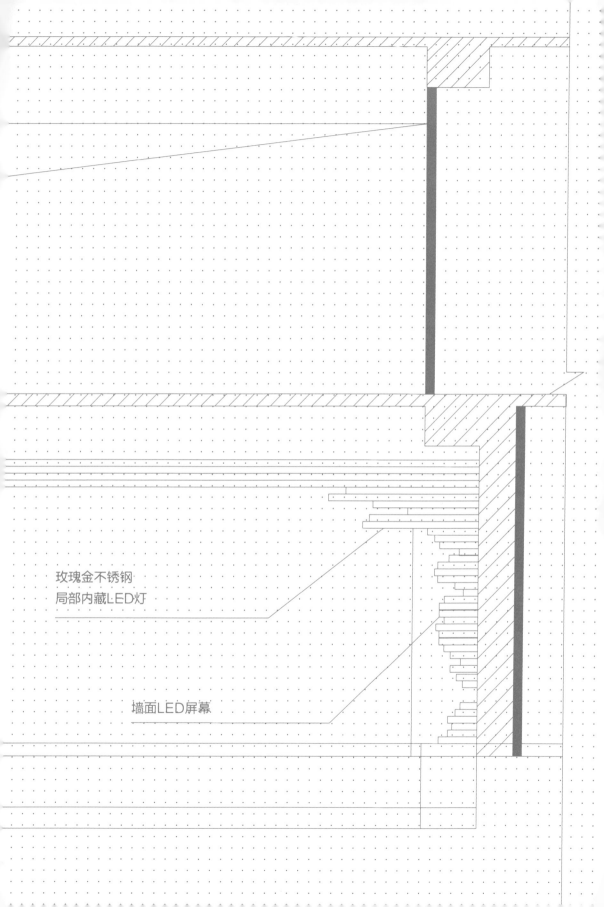

玫瑰金不锈钢
局部内藏LED灯

墙面LED屏幕

5.2 改变简单生硬的光

5.2.1 通过与材料的结合改变光的性质

当我们把光本身作为视觉对象的时候，尽管可能从光源发出来的是暖色光，但是我们仍然会在情感上排斥它，因为它是纯粹的技术产物，在我们看来是生硬的，缺少生气、缺少趣味的。有一次，作者参观一家台资灯具企业的时候，看到每件产品经过精密的机器加工后相当完美，但是最后一道工序却是由工人在灯具的某个局部再进行一次拉丝，由于是手工操作，并不完全精准和规矩。企业的解释给我很深的启示：灯具不仅仅是完美的工业产品，还需要注入一点点人的味道。

由此，我们开始思考，如何将纯粹的光通过与材料的结合，通过改变过程产生的意义性，通过光束被聚合，被散射、被变化、注入新的思想和全新的感受。

5.2.2 飘逸的空中秀场

北京 U-town 悠唐生活广场的"空中秀场"整体采用大跨度异形钢架结构，表面装饰张拉软膜，极具动态的飘逸流线外观体现了前卫、时尚的后工业化时代风格（Fig. 5.2～Fig. 5.5）。

Fig. 5.2 北京 U-town 悠唐生活广场的"空中秀场"

Fig. 5.3 北京 U-town 悠唐生活广场的"空中秀场"局部

香港 AGC 建筑设计公司原创设计的"空中秀场"造型装置，应用参
数化设计的复杂曲面造型，表面采用彩色张拉膜蒙面，表现出柔和的质
感和优美的造型。在深化设计阶段，业主强烈建议在装置表面能够实现
图形动态化表现，最好能够显示出广告宣传的文字和图案。

在深化设计阶段，首先要将彩色膜改成透光膜，采用 LED 网屏显
示出动态的文字和丰富的图案。然后将 LED 网屏的点光源的亮度、点间
距、张拉膜的透光率，以及 LED 网屏与张拉膜的距离等数值综合起来，
反复测试，得到多种组合数据及效果。在业主的综合评定下，确定了以
下的数据组合：单颗表贴型三合一 LED 光源，点间距 8cm，张拉膜透光
率 60%，LED 光源与张拉膜的距离为 10cm。

接下来面临的是一个比较困难的问题，张拉膜蒙面是随着复杂曲面
结构变化的，要想使 LED 屏完全等距离随型变化，就要选择能够与张拉
膜随型的材料作为 LED 网屏固定结构面。经过反复实验综合测试，选
用了孔径、间距合适的塑料（PE）平网，完全满足了固定 LED 光源、排
线、随型等综合要求。

Fig. 5.4 北京 U-town 悠唐生活广场的"空中秀场"参数化设计

Fig. 5.5　北京 U-town 悠唐生活广场的"空中秀场"网屏细节图

5.3 灯光装饰的建材化

5.3.1 把光当作材料应用

优质的光源，其光色并不是单纯的单一色构成，而是由几种颜色复合出来的混合色。这种叠加色彩柔和、自然，更易让人接受。对品质的追求是一种艺术享受，是需要自身在慢慢地欣赏品味中才能体会出来的。从某种意义来讲，光就是一种材料。

在现代室内的设计中，因为光源材料的不同、混光效果的不同而最后形成光的质量也不同，给人的视觉效应也存在很大的差距。

用于混光的材料品种繁多，我们根据 LED 光源的特性，选用柔砂亚克力板，它能充分有效地混合光色，而透光率又高于普通的乳白亚克力板。柔性顶棚膜作为混光材料，因膜体很薄，透光率高，也很适合做 LED 光源的混光材料。

时下各种场所的照明设计除了要求满足各种功能需要外，还要整体协调，并要考虑不同消费群体的心理特质，灯光为这种创造空间提供了方便的手段。以往，人是在灯光的照耀下进行各种活动，随着发光地板、发光墙面、发光家具的诞生，建筑空间本身将成为一个硕大的灯具，人们事实上是生活在灯具内部了。

5.3.2   装饰手法的固化

我们的任何实践都离不开经验的积累和固化，就像围棋中有定式，艺术中有程式，数学中有公式一样，当室内设计师积累了足够的经验，他会把这种经验进行总结、积累和转移应用。在室内照明设计方面，也有同样的道理。我们各种要素的最佳组合结合经验进行充分总结，可以把这种经验模式化和固定化，所谓照明灯具的建材化其实就是把光源、材料、结构方式的最佳组合改变成一块砖、一个家具、一面墙，并在此基础上产生更高层面的创作活动。

笔者多次参与过娱乐空间的装饰照明设计及光效实施，当看到呈现在眼前的麦乐迪富力店的整体设计方案效果图的时候，还是被王俊钦先生的大胆创新的设计理念，不拘一格的奇思妙想，整体风格的把握所震撼！就有一种跃跃欲试、马上实施的冲动。在长期的合作中，我们见到过王俊钦先生的一个个标新立异的设计方案，而我们总能想方设法地实现他们的理想光效。

麦乐迪富力城店的设计就是一个灯光装置建材化的初步实践。照明突出表现为大量地采用复合光效，就是采用多种透光材料构成复杂多变的造型，与丰富多彩的 LED 灯具表现方式相结合，营造出变幻莫测、极具震撼力的视觉效果（Fig. 5.6、Fig. 5.7）。

在设计方案初步确定之后，我们做了大量的光效实验，材料选择、制作工艺等项工作随即展开。在公司的光效实验室里，主要的光效都是通过实物模型表现出来的，供各方研究讨论。在经过反复的实验、集思广益的工艺设计和有针对性的 LED 灯具的研发等项工作后，一套切实可行的光效实施方案最终出炉。

大厅的造型墙由钢化磨砂玻璃作为主结构面，玻璃外侧采用透光云石片构成复杂多变的外层结构，玻璃内侧平行布置逐点控制的 LED 点光源，在玻璃与 LED 灯墙之间加装整体柔性顶棚膜形成一次混光层，而磨砂玻璃形成二次混光层，使 LED 点光源得到充分混光。正确选用 LED 控制系统是决定光效的关键因素，麦乐迪富力城店设计采用 DM×512 控制技术，达到了单色 256 灰度级的色彩变化，使得 LED 光色变化极其丰富多彩，形成色彩均匀、过渡柔和的动态变化图形，生动表现、烘托了整体造型气氛。

多层的混光材料和复杂的外形结构给 LED 灯具的安装、维修带来很大的不便。我们采用卷帘门式的结构，将 LED 点光源及连线固定在铝合金条形竖板上，延上下轨道将 LED 灯具推入墙内，需要调试或维修时可将灯具拉出，这在解决 LED 灯具整体安装方面有所创新。

麦乐迪的空间没有使人感到繁华艳丽的躁动，却以一种温柔平和的意境进行演绎，小功率 LED 洗墙灯的巧妙运用，其散发出的特殊光效，让墙面如洗般均匀而又纯净，柔和的灯光，流畅的曲线环绕走廊，透过这些元素，设计师将热爱生活、追求艺术的信息传递给每个人。

静静地坐下来屏住呼吸，慢慢地去回味，光与影的巧妙搭配，强烈与柔和的交相辉映，使人感受到艺术的光彩弥漫在整个空间中（Fig. 5.8 ～ Fig. 5.10）。

Fig. 5.6 麦乐迪富力城店大厅

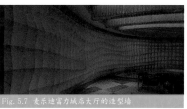

Fig. 5.7 麦乐迪富力城店大厅的造型墙

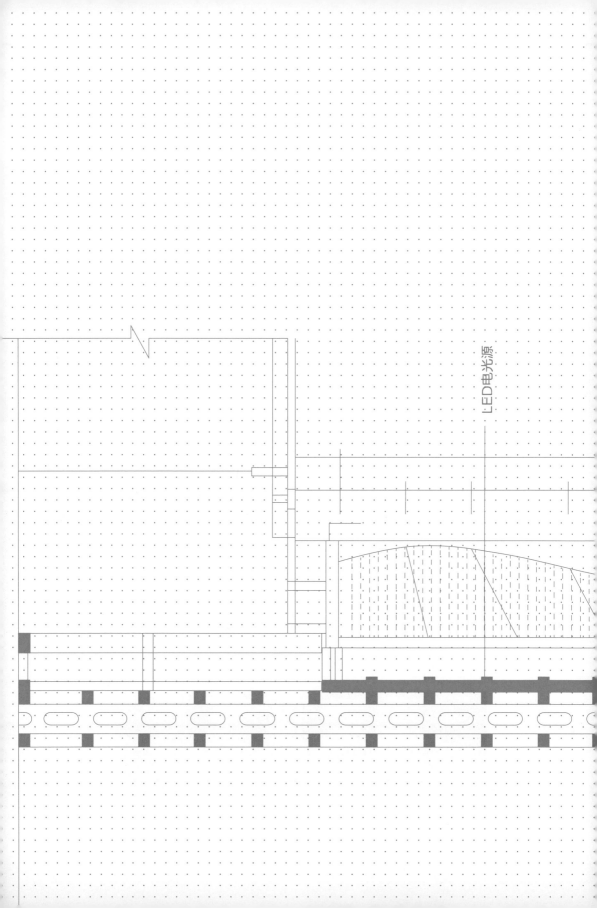

LED电光源

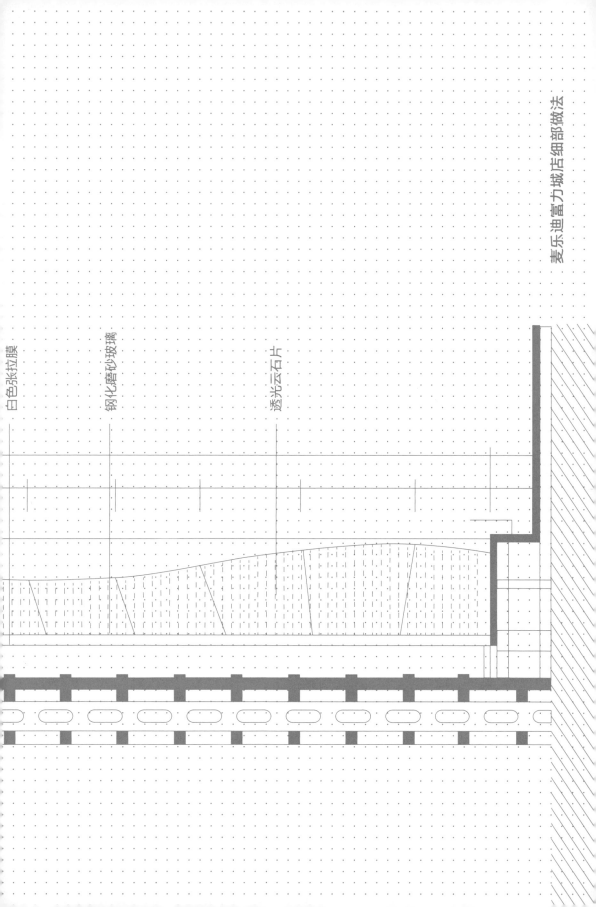

白色张拉膜

钢化磨砂玻璃

透光云石片

麦乐迪富力城店细部做法

Fig. 5.8 麦乐迪安定门店大厅

Fig. 5.9　麦乐迪 BOBOMEE VIP 房

Fig. 5.10　春晖园 VIP 房

　　Cargo 酒吧地处工体迪吧一条街，门面设计要求彰显个性、展示魅力、吸引客户。在初期的形象设计中，外墙材料采用水泥铸件造型纵横排列，每个单元外方内圆，倒锥形开口，锥底安装亚克力乳白混光板，混光板后 100mm 安装全彩数码 LED 灯点，夜间整面墙体形成动态图形，试图彰显绚丽多彩的时尚夜生活，而实际呈现的效果并不理想，业主反映灯光效果色彩暗淡、图案单调，多处出现灭灯现象。经过重新设计后，我们采用了一种定制的半球形、带菠萝花纹的玻璃面罩，并在玻璃内侧涂敷一层混光玻璃珠，使 LED 灯点的光线在玻璃面罩表层充分混光后再散射出去，扩大了出光角，形成一个完美的混光表面。由于采用的是透明的玻璃面罩和玻璃珠，光线损失很少，出光效率大幅提高，使观者在比较侧面的方向也可以感受彩色光的艳丽和丰富的变化。同时，玻璃材料的耐候性非常稳定，不会出现亚克力或 PC 材料常见的变黄、变质的现象（Fig. 5.11 ~ Fig. 5.13）。

　　在照明设计中，为了能够直观看到设计效果，往往会通过一些光效实验来进行观察和调整。在 Cargo 酒吧项目的设计阶段，当我们把做好的效果图给客户看的时候，他们就很急迫地想要看到实际效果，会面约在了北京昆仑饭店的豪华酒吧。当时我们手头可用的材料并不完整，为了说明白设计效果，笔者带上了一个 9 颗 LED 的三色灯板和简易的变色控制器，再带上了一个有菠萝纹的烟灰缸。当我借用吧台内的电源插座点亮了七彩变化的 LED 灯板时，Cargo 的张老板不屑地问道："就这个呀?！"我忙把那个烟灰缸取出来罩在 LED 灯板前面，顿时整个烟灰缸都明亮起来，我把光效罩（烟灰缸）在光源前上下调整着，呈现出不同的发光效果，张老板的注意力似乎被吸引住了，还不时地暗暗点头，并询问起实现效果的一些细节。很快进入商务的讨价还价环节，这可不是笔者

　　的强项，工程项目的报价在被拦腰砍过之后成交。一个月后甲方负责人停在 Cargo 门前，仔细地打量着即将完工的作品，看着围挡的苫布被缓缓地放下，然后厉声吩咐道："开业前不许再亮了！"然后扬长而去，甲方现在满脑子想的就是：防火、防盗、防抄袭了。

Fig. 5.11　Cargo 酒吧外墙（改造前）

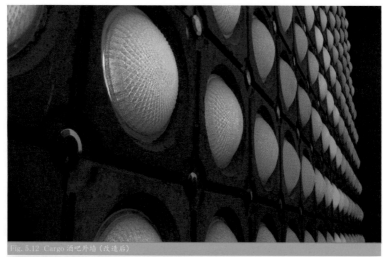

Fig. 5.12 Cargo 酒吧外墙（改造后）

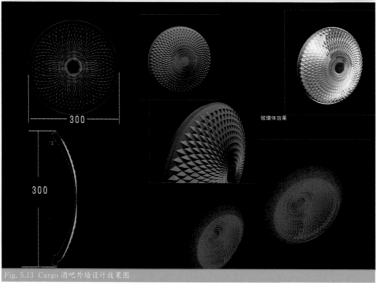

Fig. 5.13 Cargo 酒吧外墙设计效果图

LED发光技术与控制技术

设计师不仅要学会用灯，也要知道各种灯具的研发过程和各自的特点，才能真正成为"玩光"的高手。

什么是 COB 型封装

COB 封装可将多颗芯片直接封装在金属基印刷电路板 MCPCB 上，通过基板直接散热，不仅能减少支架的制造工艺及其成本，还具有减少热阻的散热优势。从成本和应用角度来看，COB 成为未来灯具化设计的主流方向。COB 封装的 LED 模块在底板上安装了多枚 LED 芯片，使用多枚芯片不仅能够提高亮度，还有助于实现 LED 芯片的合理配置，降低单个 LED 芯片的输入电流量以确保高效率。而且这种面光源能在很大程度上扩大了封装的散热面积，使热量更容易传导至外壳。在性能上，通过合理地设计和模造微透镜，COB 光源模块可以有效地避免分立光源器件组合存在的点光、眩光等弊端，还可以通过加入适当的红色芯片组合，在不降低光源效率和寿命的前提下，有效地提高光源的显色性（目前已经可以做到 90 以上）。在应用上，COB 光源模块可以使照明灯具厂的安装生产更简单和方便。

LED 彩色光的分类

[1] LED 原色光：目前可以单独制造出红色、绿色、蓝色、黄色、橙色等。

[2] LED 彩色光：由红、绿、蓝三原色光混合而成的光。理论上可以混合出任意彩色光。

[3] LED 合成光：由两种和两种以上的 LED 原色光混合产生的光，如红光和蓝光混合成紫光，绿光和红光混合成黄光，白光和红光混合成粉光等。

LED 的混光原理

红、绿、蓝三基色能混合出自然界中绝大部分光色，变色 LED 灯里面都安装有红、绿、蓝三种颜色的 LED。当红和绿一起亮就是黄色，再加一点蓝色就是浅黄色，而蓝色加到与红、绿色一样亮的时候就是白色了，那如果灭掉绿光的话，就会是紫色光了，这样红、绿、蓝三种光不同亮度的组合就可以混合出千变万化的彩色光来。如何控制红、绿、蓝光混合出所需要的光色呢？通常是将红、绿、蓝每种光色划分成 256 灰等级，也可以理解为从暗到亮划分成 256 个亮度等级，然后可以按照不同比例，比如红色为 200，绿色为 100，蓝色为 50，混合之后就是棕色，而红色为 100、绿色为 200、蓝色为 50，混合之后就是果绿色，等等。为了实现这样的精细调整，LED 灯驱动电路中需采用数字集成电路，通过脉宽调制（PMW）的方式来精确地控制红、绿、蓝三个颜色的灰度等级，实现色彩变化。

这个色彩原理和室内照明设计有什么关系呢？其实，人对周围环境的感知绝大部分是通过视觉，而视觉当中轮廓识别只占很小一部分，绝大部分的视觉分辨是通过对色彩的分辨来认知观察对象的。比如你的朋友说："你今天不舒服吗？怎么脸色发黄？"原来生病的时候，血液循环稍微改变脸色的变化就被发现了。还有，设计师经常会赞叹，这个颜色显得非常高贵，这个颜色很怯，其实只是其中一个颜色缺少一些灰度成分，显得比较生鲜罢了。我们了解了 LED 的混色原理，就能够更好地驾驭光的色彩，为空间创造更加细腻的色彩环境。

LED 驱动器的工作原理

要想实现 LED 灯的混色，LED 灯点就要由专用的驱动系统控制，使得 LED 灯点的亮度值可以调整。LED 灯点由 LED 驱动电路驱动，称为 LED 驱动器。LED 驱动器在保证 LED 正常工作的同时，还要接受控制电路的程序控制，称为 LED 控制器。

驱动器之间的控制信号的传输方式是以数字信号方式传输的，数字信号中包含控制LED灯点的亮度参数、同步信号、灯位数据等综合信息，在控制器的程序控制下有条不紊、源源不断地传输到各个LED灯点上。其中，信号传输通道是否畅通变得至关重要。

LED驱动器的类型

［1］集中式驱动单元：一个驱动单元可以同时控制8~16只LED灯点，适用于灯点比较集中、便于布线的布灯方式，比如护栏管、矩阵式灯板。

［2］点光源驱动方式：一个驱动单元控制1只LED灯点，适用于灯点间距较大，灯点呈线性延展的布灯方式，比如上百米的超长线性布灯，曲折型布灯方式等。

怎样调整LED的亮度值（或称调光）

我们现今生活在色彩的时代，尤其在LED出现后，环境中充斥着五颜六色。如何让色彩组合显示出高贵高雅的气质，如何让LED光源自然地融入人们的日常生活当中，这不仅是美学范畴的事，也是技术范畴的事。我们需要依靠设计师无限的想象力和充满智慧的创造力，让LED照耀我们未来的道路，同时我们也需要设计师应从技术层面去领会、了解、掌握和使用LED产品及技术。下面，我们简单剖析一下LED的技术特点。

LED的调光原理一般是采用脉宽调制（PWM）调光方式，尽管这个概念有点儿不好理解，但我们还是需要知道个大概意思。LED灯（发光二极管）由关闭到点亮的电压范围变化非常小，要做细腻的明暗调整是非常困难的，科研人员就做了这样一种聪明的设计，让LED点亮一会儿，关闭一会儿，开的时间长一点儿，在人看来LED就会显得亮一点儿；反之，让每次开的时间短一点，关的时间长一点，人们感觉LED就会暗一点。其实并不是光源真的被调暗了，只是我们的视错觉而已，通过这样的手段就可以达到调光的效果。这就是LED的脉冲宽度调制（PWM）的调光方式，而脉冲宽度调整是可以通过数字电路控制实现的，所以 LED 是可以通过数字化的调整达到调光的效果的，正是这一技术给 LED 的应用带来了广阔的发展空间。

LED 控制器的工作原理

LED 控制器是以单片机（MCU）等作为处理器，编写相应的程序代码，处理 LED 驱动芯片的协议，通过接口 I/O 电路，以脉宽调制（PMW）的方式来控制 LED 灯的亮度值，实现全彩的变化，能显示出动画效果，如流水、渐变、跳变、视频等。

LED 控制器类型

简易控制器　　只有简单的模式、速度变化。适用于指示标牌、玩具等。

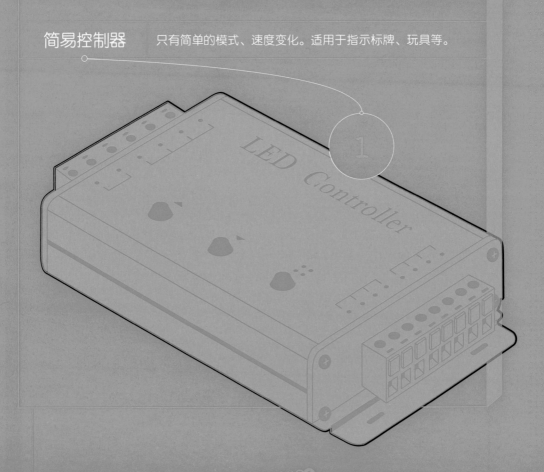

通用控制器

有比较多的常规变化，如单色变化、追逐、流水等，有亮度、速度调整，驱动电流较大，可接更多的 LED 灯。适用于广告牌、室内装饰等。

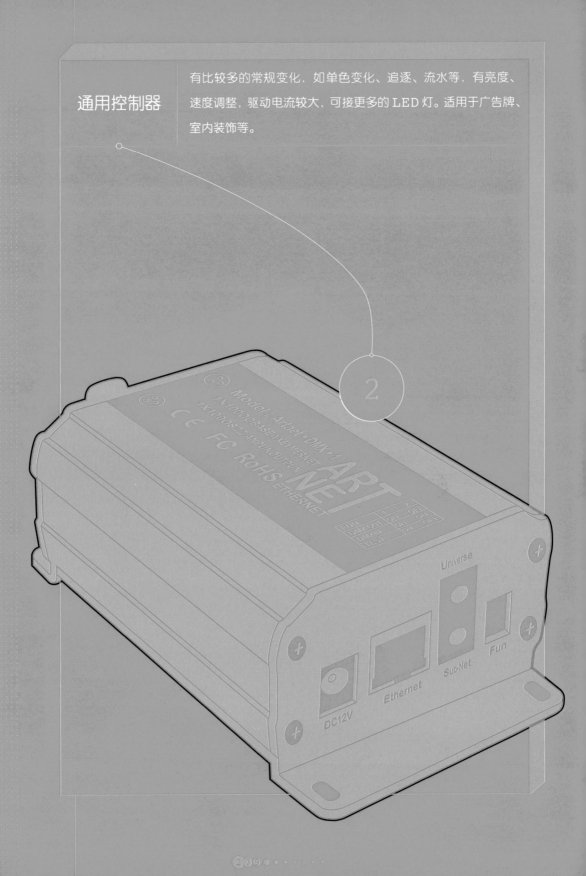

具有图案化的程序变化。除了常规的变化外，还可以根据客户要求，定制设计图案变化。主要特点是可以规模化驱动 LED 灯点，可控制的灯点数量在几百点到几千点之间的范围，适用于 LED 数码管、点光源的制式化的花形控制。以上三种控制器都是厂家根据客户的需要写好控制程序，程序设置好后无法进行改变。

程序控制器

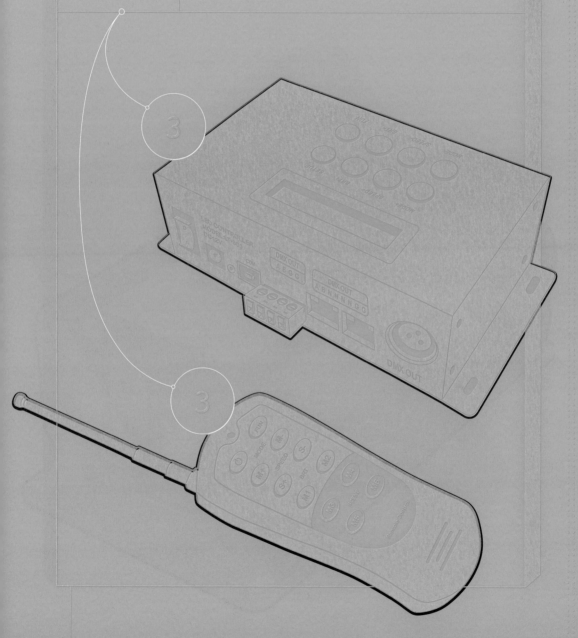

可编程控制器

控制器带有 IC 插卡，可以将编写好的控制程序通过储存卡（如 SD 卡）输入控制器中。还可以与电脑联机，在电脑软件界面上直接控制 LED 灯的视频化的图形变化。

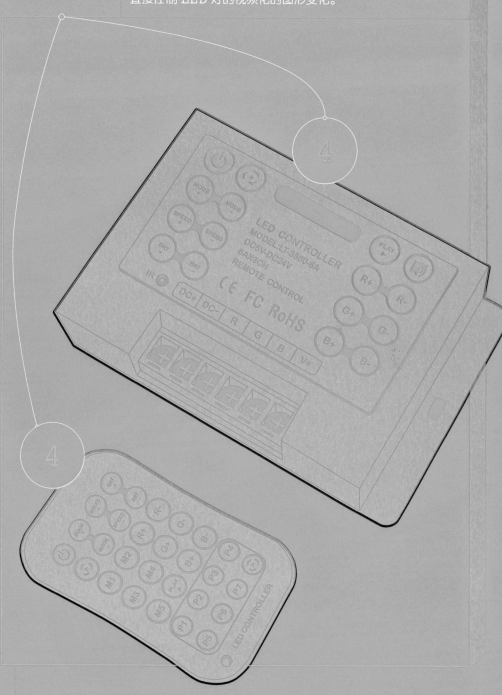

LED 灯是怎么动起来的

LED 灯给我们的印象大多数是一些五颜六色跳跃变化的灯点，如果是一字排开的灯点就可以形成向左或向右的定向的动态效果，俗称流水灯效果。那流水灯的效果是怎么实现的呢？我们借助示意图来解释一下。

如下图所示将 LED 灯分成三组，每组灯连接在同一条连线上，而每组灯之间要依次插入排列其他两组的灯。

假设，第一秒是第 1 组灯亮，2、3 组是灭的，第二秒是第 2 组亮，1、3 组是灭的，第三秒是第 3 组亮，1、2 组是灭的，那第四秒时第 1 组灯又亮了，而 2、3 组是灭的。以此类推，我们从上面的示意图上就可以看出，亮灯就有从左侧向右侧移动的趋势，如果速度快一点就像流水一样，所以就叫流水灯效果。流水灯的效果可以多种多样：向左或向右；速度或快或慢；灯可以是单色，也可以是三色。

第一秒
第二秒
第三秒
第四秒

三色流水灯的工作流程

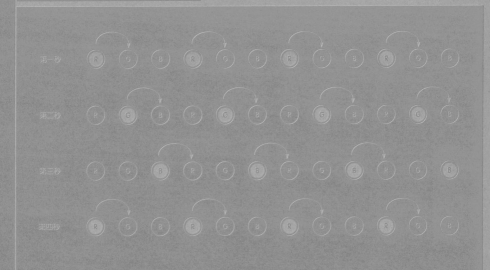

第一秒
第二秒
第三秒
第四秒

LED 灯的七彩变化

最有意思的是 LED 灯的七彩变化。首先要求每一个 LED 灯点里都是由红、绿、蓝三色组成的，我们这次将灯分成七组。

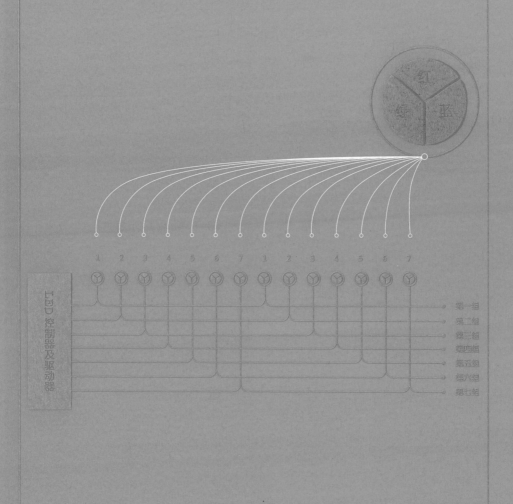

第一秒第 1 组是红色（A）的，而其他 6 组并不是灭灯，而是第 2 组是橙色（B），第 3 组是黄色（C），第 4 组是绿色（D），第 5 组是青色（E），第 6 组是蓝色（F），第 7 组是紫色（G）。而第二秒时，第 1 组就是紫色的，第 2 组是红色的……（如下图所示），这样最终出来的效果就是七彩变化的效果。

现在的 LED 的控制器都是由单片机甚至计算机组成的，可以生成非常复杂的变化花形来。当 LED 灯点足够多的时候，能够纵向排列成行的话，就可以组成复杂的图形，甚至是动态画面了。

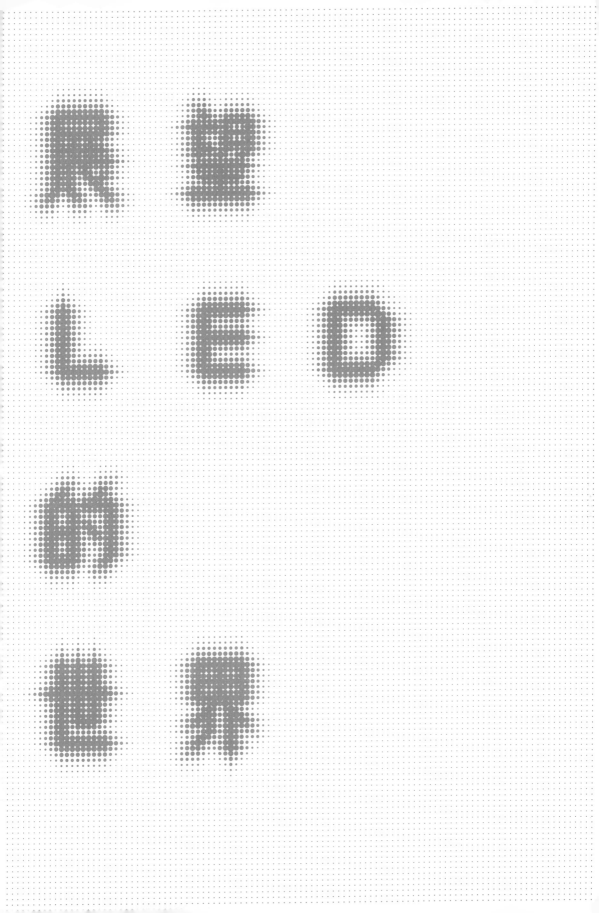

总论

以全新的视角认识世界

照明设计将不再局限于环境艺术的范畴，而是真正将科技与艺术融合，在更宽的领域，更高的层面，以更大的作用力改变生活，改变世界。

照明科技的发展有两个重要引擎，一个是节能，另一个就是智能化。

有个全球著名的科技预测曲线"Gartner"，这是一个总部在美国的对科技作出预测和评估的研究机构，他们的主要工作是精确预测科技发展趋势。"Gartner"曲线 2011 年预测的 42 个事件都与数字技术有关，其中有 6 个事件将在未来 2 – 5 年内发生。它们是大型数据与极端信息的处理与管理、无线充电、私有云、网络平台、位置感知应用、语音识别等多项技术，将成为科技发展的主流。对于大部分与未来相关的技术，加上信息技术、生物工程，新材料就获得了强大的生命力。在照明技术的发展进程中，光源技术和灯具产品如果与这些技术结合，将会搭上人类科技发展的趋势列车，走上同一条轨道，获得更大的发展空间。

互联网、大数据处理与云计算等技术发展让我们见识了任何一个产业终将"无数而不生"、"无网而不胜"。这个年代，"数"与"网"等成为迅速崛起并具有国际竞争力的成功基因。更聪明的计算机软件、新材料，更精巧的智能照明制造方法会推动数字化照明的发展。生物识别技术、图像识别技术、无线电源技术（Wireless power）、手势识别技术（Gesture recognition）、云计算技术、有线通信、交流载波通信、红外通信、光波局域网通信，这些已经应用在其他领域的技术很快会将人、灯和其他电子类产品结合成一个相互关联的系统，使照明系统具有眼睛、大脑和神经，成为真正智能化的系统，并成为更大系统的重要组成部分。

照明智能化的关键是把分散在各处的灯具和传感器件结成网络，通过有线的总线技术和无线通信来实现，其中无线通信技术因其施工方便，分布灵活，具有广泛的应用前景。近年来，我国有关高校对采用无线传感网络技术（WSN，Wireless sensor netwok）的照明系统已经进行了广泛研究，开发出一些基于用户体验需求，同时兼顾环境保护和降低能耗的智能化照明系统。

6.1　智能交互的发展

6.1.1　开关的消失 —— 智能控制

由于触屏和图形化监控界面的大量应用，控制灯具的界面将非常友好和方便，没有各种按钮和拨轮，手指在触屏上的简单滑动将改变空间中一系列灯具的状态、亮度、色彩和投光角度，但这些操作可能仍属于最落后的手动操作。声控也会大为流行，但是一些高端场所铺着厚厚的地毯，未必能让你的走动产生多大的声响，以你尊贵的身份，进门拍巴掌、大声咳嗽以打开照明灯显然有失体面。这些担心大可不必，因为大部分的高端室内环境都将是高度智能化的，你的动作本身就是灯光的调控指令，因为多普勒雷达隔墙就可探测出你的位置、移动速率，红外探头感知到你的体温状态，地毯下的压力传感知道你的步态轻盈还是脚步沉重，动作捕捉系统已经知道你正在做出的行为，数据分析系统将综合各种参数和既定程序作出对比分析，知道你的心理状态，知道你下一步的行动，根据心理学和行为学原理对整个环境作出最合适的状态调整，环境的整体氛围被调试成最能给予你温馨的安抚的气息，或是该用一点点冷白光来激发深思的大脑，带来创意的闪现。

6.1.2　维护的变革 —— 智能管理

今后不会出现打着手电去翻抽屉找蜡烛，或是黑着灯等待物业人员来处理断电事故的情境。中控对照明回路的状态进行实时监测与控制，具有运行数据统计、状态报警、定时控制、场景控制、调光控制、超级链接等功能，方便管理者监测整个灯光系统的实时运行状态，自动记录和分析整个灯光控制系统的使用历史资料，所有数据上传到管理云平台上。对故障部位启动预防性维修程序，使用者不会遇到突然发生的故障，这一点对于高星级场所，比如酒店、高档餐饮娱乐场所尤为重要。

不仅如此，每一个房间都有独立的控制系统且具有学习功能，可以记忆您的照度习惯，场景模式在服务器中保存，初始可以预先设定 365 天中每天多个时间段的固定模式相关参数，支持即时播放模式。在三次感知您的习惯后变成一种模式固定下来，以后在同样的时段，或感知类似的声音、动作、状态就启动相应的模式。中控系统通过互联网，手持平板电脑和智能手机对服务器进行远程控制和管理。就像称职的管家一般，在您进门的那一刻，给您呈现一个最温馨理想的光环境（Fig. 6.1）。

Fig. 6.1　智能管理操作界面预想图

6.1.3 随意扩展的功能 —— 智能组合

当然，这些是需要建立在一套复杂的管理系统之下。如果您是居住在祖上传下来的一所老宅里，不能因为改造而破坏一个历史建筑，而又希望过上一种全新的智能化生活，这还能实现吗？比如，你购置了一款崭新的 LED 落地灯，兴冲冲地把电线插头插到电源插孔上，希望这盏灯也像其他电器一样，成为家庭智能控制系统的一部分，可是你发现，没有网线敷设到这里，你要么重新拉一条明线，这太麻烦，简直荒谬，或只好让新买的电器和你的智能生活脱网，孤立于系统之外。没关系，你的智能中控系统有交流载波通信功能，只要在这栋楼里，只要在有插座的地方，通信信号都可以采用交流载波技术送达任何电源插座，使用交流电的电器只要接通电源，任何电器都相互连通，协同运作在一个大系统中，免去输电和信号多芯线缆的改造成本。你在客厅看着电视，当厨房的电水壶水温达到沸点时，电视上会显示出提示语，背景灯就会闪烁一下，这时厨房灯已经自动开启，为你的下一步动作作好准备。

6.2 跨界应用的发展

6.2.1 没有电磁干扰的光通信

你也许会说，现在无线通信这么发达，谁还在意信号线这种困扰，蓝牙、WIFI 不就得了。其实，无线通信固然方便，但是看不见、摸不着的无线电波会干扰很多仪器的正常运行，比如科研单位里的精密电子仪器很容易受无线电信号的干扰，在医院无线电信号干扰是监护仪、心脏起搏器的致命杀手（Fig. 6.2），杂乱的无线电信号还会干扰病人脆弱敏感的生物电场，在加油站、矿山等特殊环境严禁无线电通信设备的使用。于是，光波局域网可派上大用场，它通过以视觉无法感知的高频光波发送信号，只要在灯光可达的地方，光敏半导体传感器件就会获得光波脉冲发出的信息，并作出相应的反应。而以光波发送信号需要一个易于控制，能作出高灵敏反应的发光器件，LED 固态发光原理和高反应性使之成为理想的信号发送源。所以你用来看报的那盏灯，也许在你没有任何察觉的情况下正发布着各种指令来服务于你的每个动作。

在无线上网时，经常碰到过这样的烦恼：由于房间的墙壁等物体的阻挡，一些地点信号就比较差，上网的人多时，网速会很慢。于是，研究人员就想到是不是可以让灯光来发射信号。只要灯光一亮，照到哪里信号就输送到哪里了。半导体智能家居系统，可以通过半导体 LED 灯，在照明的同时，作为光学无线通信的信号源，LED 可以直接把信息转化为光束，光波成为信息的载体。

智能家居系统的一个重要运用，就是给移动终端（如手机、笔记本电脑等）一个光通信手段介入互联网。只要在灯具里放置一个转换模块，这个模块就可以接收信号并随之改变光的频率。利用 LED 灯光建立局域网，具有上网速度快、链路性能高、容量大等优点，克服了目前无线频谱资源有限的制约。从高速通信干网接入终端用户时往往要花费高昂的成本，这一系统应用后，只要在室内灯光照到的地方，就可以长时间下载和上传高清晰画像和动画等数据。该系统还具有安全性高的特点。用窗帘遮住光线，信息就不会外泄至室外，同时使用多台电脑也不会影响通信速度。不论是小区的路灯，还是每一家的照明灯，都能发送无线上网信号，可以很好地解决"最后一公里"问题。现在很多小区光纤宽带的速度是 4 ~ 6M，LED 灯的无线信号理论上可以实现 80M 的传输速度，且信号更稳定，而造价只有有线宽带的一半。光学无线通信因为没有任何电磁波而成为典型的绿色通信。

　　除了上网，LED 光还能在矿山领域大显身手。众所周知，为防止引起瓦斯爆炸，在地下矿井内工作的人员是不允许通电话的。在矿井，矿工们依靠头盔上装配的 LED 照明灯能够互换信息，也可通过两侧的隧道照明灯接入有线网络，实现井内外通信、矿工定位和井下实时监控等。光通信一旦运用，只要通过接收隧道两侧的照明灯特定模块发出的光信号，就可以接收地面上的信息。光通信除了简单的通信联络功能之外，还可以对矿工所处的位置进行定位和反馈。有突发状况，通过光通信，外界可以第一时间获知矿工所在的具体位置。据悉，目前"智慧矿山"系统已在中国矿业大学进入研发测试阶段，预计很快就能测试完成。

　　未来的光通信运用范围非常广阔，比如在某个大型商场一时找不到需要的货物，通过光通信就能精准地告诉消费者所需物品的位置，同时还可以将最新商品和打折信息都传输到消费者手中，在飞机机舱等无线通信系统被禁止或被限制的场合也可运用 LED 光通信系统。

不仅如此，如今越来越多的车辆也使用白光 LED 灯，这样一来，车辆之间、车辆与交通信号灯之间可以通过 LED 实现通信，司机在驾驶中可以获得最及时的道路信息。若公路上同时还安装有 LED 路灯，通过光通信技术，照明系统可以变成"媒介"，向驾驶员播送各种实用信息等。

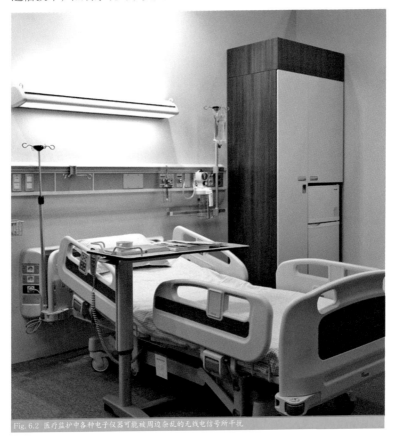

Fig. 6.2 医疗监护中各种电子仪器可能被周边杂乱的无线电信号所干扰

6.2.2　照明是否也能免费及增值

　　信息时代最大的特点是：信息的传播是一门生意。媒体的形式从纸质的报纸杂志，到动态的电视荧屏；从移动的手机屏幕，再到室内外环境中任何可以成为界面的载体上；甚至未来没有载体的界面也会出现，在空中用光影的形式产生图形，招之即来，挥之即去，内容丰富，简单随行。

　　以前的市场学教大家如何在消费者身上赚钱，但现在不同了，免费的现象在一些行业，尤其是平台类行业相当普遍，依靠免费作为补偿，使一些企业获得了重要的传播渠道和眼球资源。当照明成为传播媒体，你消耗了电能却发布了信息，促进了销售，激发了情感，美化了环境，这些是可以获得回报的。

　　在商场的行进通道内，下照的筒灯照亮了狭长的走廊，一个个圆形的光斑不仅照亮了地面，而且显示出品牌的 LOGO，一路延伸到品牌的专柜。在这个服务中，广告主需要向你支付费用，照明可以免费甚至赚钱。

　　某天，你居住的高层建筑的物业来与你协商，问你是否同意将公共走廊的灯光变成彩色的，会经常变换一下颜色，条件是物业公共开支将会消减一部分费用。你虽然会经常出入那条走廊，但对于灯光是蓝色还是粉色并没有什么介意，于是你欣然同意了。有一天你从外面回来，看到整栋大楼外立面由廊道的灯光构成了一个大大的标识，你只是接受了灯光的色彩变化，而享用到免费的照明，物业通过引进灯光彩色智能控制系统，增加了创收机会 (Fig. 6.3、Fig. 6.4)。

Fig. 6.3　建筑立面可以呈现出灯光构成的图形，成为新媒体资源 1

Fig. 6.4　建筑立面可以呈现出灯光构成的图形，成为新媒体资源 2

6.3 更具人性化的发展

6.3.1 根据心理需要任意切换照明模式

自然光和人工光有个很大的区别：人工光以固定的角度、固定的照度，固定了场景；自然光以动态的方式，使室内家具在各个时段呈现不同的颜色，家具器物的投影在缓慢地移动，光线的色温不断地改变，这一切使人的生物钟因有了外界的参照而进行内在的调节。当人工光以固定化的方式介入生活，生物的机能性就会发生抑制，从而降低了生命的质量感和敏锐性。

为什么会感到厌倦，疲劳？我们的感官系统需要不断地接收到变化中的外部刺激。长时间从事固定动作，处于固定环境，接受固定刺激会使神经系统不再需要作出判断，人会觉得无所事事，于是处于半关闭状态，体内各种应对变化的激素分泌也大量减少，因而人们会感到紧张、压抑和疲劳。

场景的变化会极大个改善心理状态，高光效低功耗的 LED 投影技术或显示屏技术可以将周围的环境进行任意改变，构建虚拟的开阔视野或时间概念的假象。当你加班熬夜了一个通宵，糅一糅干涩的双眼，看到一抹朝阳缓缓升起，金色的阳光逐渐撒满凌乱的办公桌，新风系统送来一阵清风和鸟鸣，一种焕然一新的感受油然而生。但此时此刻，你可能是置身在一个位于西向的房间，当天还是阴云密布，或者干脆是不幸委身在阴暗潮湿的地下室。没关系，场景模拟系统至少在精神上给你极大的支持和心灵抚慰，让生命的阳光永远能照进每个人的内心。微型投影

Fig. 6.5 对于微型投影装置，只有高效的固态发光技术可以成为微型化高光效的光源

技术将是灯光照明系统的重要组成部分，把光、影、景、物有机地结合起来，创造一个虚拟的现实空间（Fig. 6.5）。

一个氛围适度的场景会大大提高活动质量，多功能厅经常会举办不同的活动，对于多功能空间的要求是需要便捷的功能切换。通过灯光的色彩改变、照明方式的转换、光照强度的调节，室内格局好像电影蒙太奇手法一样，会瞬间完成切换，被塑造成不同的空间场景。

改变来光方向，可能改变光影的构成关系，空间的结构印象会发生改变；改变重点照明，强化不同的视觉中心，场所主题会随之发生改变；灯光色彩发生变化，场所的氛围和情调会发生改变，这些改变都可以通过不同的几组灯光进行开闭组合，实现转换。而这么多的灯组需要体积小巧，能耗经济，控制方便，响应迅速，只有 LED 照明更适合担当此任。

6.3.2　室内照度的恒定

并不是每个工作都需要这么浪漫，很多室内工作是需要长期稳定的照明环境的，他们需要既能享受到自然的阳光，又希望保持恒定的室内光线强度。比如教室、图书馆，或是需要情绪高度稳定的精细工作，都需要一个恒定的光照空间。系统会根据设定的照度，实时采集外来光的强度和方向，通过窗玻璃内置的电子格栅调节进光的强弱，同时将室内的人工光开启予以相应的补偿，调和出一个光强恒定的场所。

新技术与新概念

大数据处理

"大数据"（Big data）成为互联网信息技术行业的流行词汇。从某种程度上说，"大数据"是需要新处理模式才能具有更强的决策力、洞察发现力和流程优化能力的海量、高增长率和多样化的信息资产。从各种各样类型的数据中，快速获得有价值信息的能力，就是大数据技术。目前人们谈论最多的是大数据技术和大数据应用。大数据科学关注大数据网络发展和运营过程中，发现和验证大数据的规律及其与自然和社会活动之间的关系。

生物识别技术

生物识别技术就是，通过计算机与光学、声学、生物传感器和生物统计学原理等高科技手段的密切结合，利用人体固有的生理特性（如指纹、指静脉、人脸、虹膜等）和行为特征（如声音、步态等）来进行个人身份的鉴定。

云计算技术

云计算是互联网技术的又一种巨变。继个人计算机变革、互联网变革之后，云计算被看作第三次 IT 浪潮。早在 20 世纪 60 年代，有人提出了把计算能力作为一种公用事业提供给用户的理念，这成为云计算思想的起源。云计算作为一种新兴的资源使用和交付模式逐渐为学界和产业界所认知。它将带来生活、生产方式和商业模式的根本性改变，云计算将成为当前全社会关注的热点。

光波局域网通信

可见光通信技术，是利用荧光灯或发光二极管等发出的肉眼看不到的高速明暗闪烁信号来传输信息的，将高速因特网的电线装置连接在照明装置上，插入电源插头即可使用。利用这种技术做成的系统能够覆盖室内灯光达到的范围，电脑不需要电线连接，因而具有广泛的开发前景。总之，LED 照明光无线通信应用前景非常看好，不仅可以用于室内无线接入，还可以为城市车辆的移动导航及定位提供一种全新的方法。汽车照明灯基本都采用 LED 灯，可以组成汽车与交通控制中心、交通信号灯至汽车、汽车至汽车的通信链路。这也是 LED 可见光无线通信在智能交通系统中的发展方向。

交流载波通信

家庭智能系统这个话题的兴起，也给交流载波技术的发展带来一个新的舞台。在目前的家庭智能系统中，以 PC 机为核心的家庭智能系统是最受人热捧的。随着电脑的普及，可以将所有家用电器需要处理的数据都交给 PC 机来完成。这样就需要在家电与 PC 机间构建一个数据传送网络，但是在家庭这个环境中，"墙多"这一特征严重影响着无线传输的质量，特别是在跃层式住宅中这一缺陷更加明显。如果架设专用有线网络，除了增加成本以外，在以后的日常生活中要更改家电的位置也显得十分困难和繁琐，这就给无须重新架线的电力载波通信带来了机遇。

随时查询所有电器状态。

任一开关集中控制家中所有的智能电器设备。

组开组关指定电器，如场景灯等。

通过互联网或电话对家中的电器灯具进行远程控制。

远程自动抄表。

实时查询用户用电量，分时段抄表及计费。

根据电网负载的峰谷时段分段计电价。

减少人力成本及管理成本。

自动保存抄读的历史数据。

统计电表数据，分析用电规律。

配电系统评估、供电服务质量检测和负荷管理。

图版目录

后 记

常志刚
中央美术学院教授

　　对于本书，我的初衷带有童话色彩：如果把行业里的高手集中起来写一本书，就会集各家之所长，就能够成就一本代表行业的好书。之所以说"童话"，是因为不切实际和异想天开：首先，写书是一项艰苦的耗神耗力的工作，甚至费力不讨好，且持续时间较长，要做就得下决心付出；其次，这些专家都很忙，抽时间凑在一起就更难；再次，每位专家的观点各异，如何在一本书中成为一个体系；最后，专家们是否愿意共同写一本书。

　　于是，组织大家一起写书就从"童话"变成了"冒险"。本书共有七位作者，对于一本专业书来说，这么多编写实属罕见。从 2012 年 10 月在中国建筑工业出版社召开第一次编写工作会议开始，到 2013 年 11 月书稿完成，历时 13 个月，其间正式的并有专人速记的编写工作会八次，其中一次是 2012 年 12 月初在深圳召开，非正式的讨论会不计其数。

　　对于这样大容量的书，写作速度应该说很快了。作者们对本书的热情和巨大投入是令人尊敬的。

　　今天看来这个"险""冒"得值得！

施恒照

照奕恒照明设计（北京）有限公司总经理、中央美术学院研究生课程班照明设计课程教师

作为一个超过十年的照明设计从业人员，将大量脑海中的信息转化成文字对于我来讲是个考验。难的是该讲些什么；讲的内容是否真实地传达了自己的本意。此次内容并非以教条式地宣讲照明设计，而是透过笔者自己对于照明设计的理解所表达出来的感受与经验来讲述，或许会有读者不全部认同的地方，但这却也是我希望得到的碰撞，希望本书的内容能对读者有所启发与帮助。有人问我，照明设计最有意思的是什么？我想我的回答应该是"没有标准答案"。

张亚婷

央美光成（北京）建筑设计有限公司设计总监、中央美术学院研究生课程班照明设计课程教师

从传统灯具用到了 LED 光源，我们经历了 LED 灯具从出现到普及的这一变革时代。因而对从认知到熟悉 LED 这一过程，也有过自己的困惑和感悟。像我这样的设计师，代表了相当数量的站在一线的照明设计师。对快速发展且毁誉参半的 LED 新型光源的陌生及对 LED 灯具的基本属性不了解，造成了设计师在应用层面的谨慎、迟疑和顾虑重重。因而，我们试图用设计师的思维和解读方式来理解和表达 LED。一本通俗易懂且能够快速答疑解惑的 LED 手册，将成为照明设计师和室内设计师渴求的案头必备工具书。

许宁
独立撰稿人、资深照明媒体人、中央美术学院研究生课程班照明设计课程教师

　　在写这本书之前，想搜集更多的有关 LED 应用的书籍，收获并不多，我断想今后也不会有很多。没别的意思，LED 发展太快，刚刚整理出思路，总结好经验，这趟快车已经疾驰而过了，写出来的都是追记了。好在我自认为并不专业，也不打算走向专业，只凭梳理一下人类技术发展而来的轨迹，再结合其他高新技术正在发展的走向，就冒昧地，畅想式地预测了一把未来。

　　如果您想研读 LED 的技术原理恐怕会大失所望；如果您希望在大家都在议论的话题以外找些新鲜的观点，找我聊聊，或许有点帮助。

叶军
北京零态空间科技有限公司照明设计师、中央美术学院研究生课程班照明设计课程教师

　　LED 被认为是最新的照明科技的典型代表，从饱受质疑到一哄而上，与产品特性一样变得很快。要说接触 LED 应该缘起已久，记得 20 世纪 70 年代，在同学家我惊奇地看到他父亲从日本展会上带回来的红色发光二极管。而几十年后，我居然几乎将我的全部热情和精力投入 LED 技术的应用推广上来，真是冥冥之中自有机缘。LED 照明方兴未艾，需要学习，可以施展的地方还多着呢！

何崴
中央美术学院讲师、照明设计杂志执行总编

　　LED 在照明领域的广泛应用，不仅改变了我们的生活，也大幅度地影响着设计的方法和方式；在室内环境中，LED 是对传统光源和照明方式的一种挑战，但同时也意味着机遇。本书正是对这种挑战和机遇的一种回应，我们衷心地希望借此打开一扇通往未来的门户，我们也相信在这扇门后面，是更加广阔的、全新的世界。

林陈锋
深圳市极成光电有限公司董事长

　　随着人们生活水平的不断提高以及对环保意识的加强，人们在对光环境的舒适要求越来越高的同时，也要求做到节能环保。LED 照明的出现不但满足了人们的需求，也给照明行业的发展带来了新的机会。

鸣谢

感谢中国建筑工业出版社关心和支持照明及 LED 行业，并提供平台与空间。

感谢张惠珍副总编辑、李东禧主任、唐旭副主任、吴绫编辑给予本书的指导和操劳。

感谢张绮曼教授和赵建平教授为本书写序。

感谢林学明、黄建成、王俊钦、周炼、姚仁恭、郑康和、郝洛西、张昕、睢世荣、M. Hank 等各位老师接受本书的书面访谈，尤其是姚仁恭先生除访谈外，还为本书提供了一篇文章。

感谢李铁楠教授和袁宗南先生为本书提出宝贵意见。

感谢牟宏毅、白蓝、赵明思、关慧文、凌俊磬、段庆斌、江亮、牟斐斐、杨红栓、董云亮、高丽、武亚楠、潘盼、张菊、王勇、夏丽萍、周祥全、罗志平等为本书做了大量资料搜集、绘图、会议记录、联络协调等默默无闻的工作。

感谢照明设计杂志社为本书提供资料。

感谢曹群、赵格、孙帅为本书做了专业的装帧设计。

感谢林陈椿先生及深圳市极成光电有限公司，为本书开放相关技术和实验室。

图书在版编目（CIP）数据

LED 与室内照明设计 / 常志刚等著 .- 北京：中国建筑工业出版社，2013. 12
ISBN 978-7-112-16128-7

Ⅰ.①L… Ⅱ.①常… Ⅲ.①发光二极管- 室内照明- 照明设计 Ⅳ.① TN383.02
② TU113.6

中国版本图书馆 CIP 数据核字（2013）第 273520 号

　　本书是写给室内设计师和照明设计师的设计工具书，首先立足于室内空间视觉意象的营造讨论光与空间的关系，给出室内光环境设计的基本原则。然后阐述专业照明设计的方法和流程，进而针对酒店、办公、商业、博物馆等各类型空间详细讲解室内照明设计中的风格与定位、空间分区与照度要求、灯具与光源选型及 LED 光源在传统光源使用上的区别等。最后展示 LED 在室内设计中的特效应用。

　　本书也是写给关注 LED 和照明人士的科普读物，针对 LED 的现状、发展以及设计与技术前景进行了梳理与展望，并设置专门版块介绍 LED 与照明的历史、名词、概念、计算等理论知识。

责任编辑：李东禧　　唐　旭　　吴　绫
书籍设计：曹　群　　孙　帅　　赵　格
责任校对：姜小莲　　王雪竹

LED与室内照明设计

常志刚 施恒照 张亚婷 许宁 叶军 何崴 林陈锋 著
*
中国建筑工业出版社出版、发行（北京西郊百万庄）
各地新华书店、建筑书店经销
北京市京津彩印有限公司印刷
*
开本：787×1092毫米　1/16　印张：20 1/4　字数：350千字
2014年3月第一版　2014年3月第一次印刷
定价：268.00元
ISBN 978-7-112-16128-7
　　　　(24886)